高职高专汽车类实践系列教材

新能源汽车充电系统原理与检修

主　编　刘祖其　王跃进

副主编　柯俊霄　高治律

参　编　程　遥　陈　丽

西安电子科技大学出版社

内容简介

　　本书是新能源汽车专业的专业课教材，注重理论与实际结合，系统地介绍了新能源汽车知识、新能源汽车检修的高压安全防护、充电桩工作原理与检修、交流慢充系统原理与检修、直流快充系统原理与检修等内容，重点介绍了新能源汽车吉利帝豪 EV450 车型、北汽 EV200 车型的工作原理、充电系统、交流充电方式、直流充电方式、维护维修。此外，本书还包括新能源汽车实训指导(整车)和新能源充电设施安装与维护职业技能等级标准(节选)。

　　本书知识全面、层次分明、内容新颖、条理清晰、通俗易懂、易学好教，并附有大量的图片及具体维修实例，实用性强。本书可作为职业院校新能源汽车专业学生的学习用书，也可作为职业技能培训和相关专业人员的参考用书。

图书在版编目(CIP)数据

新能源汽车充电系统原理与检修 / 刘祖其，王跃进主编. —西安：西安电子科技大学出版社，2022.8
ISBN 978 - 7 - 5606 - 6545 - 0

Ⅰ. ①新… Ⅱ. ①刘… ②王… Ⅲ. ①新能源—汽车—充电 ②新能源—汽车—检修 Ⅳ.
① U469.72

中国版本图书馆 CIP 数据核字(2022)第 127620 号

策　　划　刘玉芳　刘统军
责任编辑　张　玮
出版发行　西安电子科技大学出版社(西安市太白南路 2 号)
电　　话　(029)88202421　88201467　　　邮　　编　710071
网　　址　www. xduph. com　　　　电子邮箱　xdupfxb001@163.com
经　　销　新华书店
印刷单位　陕西天意印务有限责任公司
版　　次　2022 年 8 月第 1 版　2022 年 8 月第 1 次印刷
开　　本　787 毫米×1092 毫米　1/16　印张　10.75
字　　数　249 千字
印　　数　1～3000
定　　价　32.00 元
ISBN 978 - 7 - 5606 - 6545 - 0 / U

XDUP 6847001 - 1
＊＊＊如有印装问题可调换＊＊＊

前言

2015年国务院颁发了《中国制造2025》行动纲领，文件中提出将节能与新能源汽车作为大力推动的十大重点领域之一；2020年国务院又颁发了《新能源汽车产业发展规划（2021—2035年）》，其目的是推动新能源汽车产业高质量发展，使我国从汽车大国迈向汽车强国。

本书针对目前市场上的主流新能源汽车车型进行编写。第1章介绍新能源汽车知识，包括新能源汽车发展概述，新能源汽车的结构、工作原理和基本操作，动力电池及管理系统；第2章介绍新能源汽车检修的高压安全防护，包括新能源汽车高压电的危害与防护、电动汽车高压操作设备的使用；第3章介绍充电桩工作原理与检修，包括充电桩的结构与工作原理、充电桩安全使用与常见故障的检修；第4章介绍交流慢充系统原理与检修，包括新能源汽车慢充系统的组成和工作原理、交流慢充线束、交流慢充系统常见故障的检修；第5章介绍直流快充系统原理与检修，包括直流快充系统的组成与工作原理、直流快充系统常见故障的检修。本书附录给出了新能源汽车实训指导（整车）和新能源充电设施安装与维护职业技能等级标准（节选）。

本书按照学习目标、学习准备、知识讲解的模式进行编写，并在各节之后配有练习题。通过对新能源汽车相关知识、实例、实训的学习，读者可初步掌握新能源汽车充电系统的工作原理与常见故障的维修，还可参加国家新能源充电设施安装与维护职业技能初、中级考试。

本书由集团公司教师刘祖其、王跃进、柯俊霄、高治律、程遥、陈丽编写，其中刘祖其、王跃进担任主编。

编者在编写本书的过程中，查阅了大量书籍、文献和资料，借鉴了国内外新能源汽车发展的研究成果，此外还得到了徐伟老师、冯普仪老师的大力支持，在此一并表示衷心的感谢。

由于新能源汽车发展速度很快，以及编者水平有限，书中难免有疏漏之处，敬请读者批评指正。

编　者

2022 年 3 月

目录 >>>>>

第1章 新能源汽车知识 ·········· 1

1.1 新能源汽车发展概述 ·········· 1

1.1.1 新能源汽车的发展背景 ·········· 1

1.1.2 新能源汽车的概念 ·········· 1

1.1.3 新能源汽车的分类及特点 ·········· 2

1.1.4 国内外主要新能源汽车简介 ·········· 10

1.1.5 我国新能源汽车的发展现状 ·········· 13

1.1.6 新能源汽车的发展趋势 ·········· 16

练习题 ·········· 17

1.2 新能源汽车的结构、工作原理和基本操作 ·········· 17

1.2.1 纯电动汽车的基本结构及工作原理 ·········· 18

1.2.2 吉利帝豪EV450纯电动汽车的基本操作 ·········· 23

1.2.3 我国新能源汽车国家标准 ·········· 25

练习题 ·········· 27

1.3 动力电池及电池管理系统 ·········· 27

1.3.1 动力电池主要性能指标 ·········· 28

1.3.2 电动汽车对动力电池的工作要求 ·········· 29

1.3.3 动力电池系统的结构及工作原理 ·········· 30

1.3.4 电动汽车蓄电池的种类及特点 ·········· 31

1.3.5 电池管理系统(BMS) ·········· 37

1.3.6 动力电池的故障检测 ·········· 41

练习题 ·········· 41

第2章 新能源汽车检修的高压安全防护 ·········· 42

2.1 新能源汽车高压电的危害与防护 ·········· 42

2.1.1 高压电对检修人员的危害 ·········· 42

2.1.2 新能源汽车高压电标识及高压部件识别 ·········· 45

　　2.1.3　电动汽车维修时的安全防护 ·············· 47

　　2.1.4　电动汽车设计时的高压安全防护措施 ·········· 48

　　练习题 ·························· 51

　2.2　电动汽车高压操作设备的使用 ············· 51

　　2.2.1　电动汽车高压操作常规设备 ············ 52

　　2.2.2　电动汽车高压操作检测设备 ············ 54

　　练习题 ·························· 63

第3章　充电桩工作原理与检修 ············· 64

　3.1　充电桩的结构与工作原理 ·············· 64

　　3.1.1　充电系统基本知识 ················ 64

　　3.1.2　充电桩知识 ··················· 66

　　3.1.3　交流充电桩 ··················· 70

　　3.1.4　直流充电桩 ··················· 75

　　3.1.5　电动汽车充电模式及充电连接方式 ········· 78

　　3.1.6　充电桩的安装 ·················· 80

　　3.1.7　智能充电桩 ··················· 81

　　练习题 ·························· 82

　3.2　充电桩安全使用与常见故障的检修 ··········· 82

　　3.2.1　充电桩的安全要求及参数指标 ············ 82

　　3.2.2　充电桩的安装与验收 ··············· 83

　　3.2.3　充电桩的使用要求 ················ 84

　　3.2.4　充电桩的日常维护 ················ 84

　　3.2.5　充电桩常见故障的检测和排除 ············ 87

　　练习题 ·························· 89

第4章　交流慢充系统原理与检修 ············· 90

　4.1　新能源汽车慢充系统的组成和工作原理 ·········· 90

　　4.1.1　交流慢充系统的构成 ··············· 90

    4.1.2　交流慢充系统的零部件 ……………………………… 91

    4.1.3　交流慢充系统的工作原理 …………………………… 99

    4.1.4　我国充电接口标准 …………………………………… 102

  练习题 …………………………………………………………… 103

4.2　交流慢充线束 …………………………………………………… 103

    4.2.1　交流慢充线束常见的检查内容 ……………………… 103

    4.2.2　慢充线束的结构 ……………………………………… 105

    4.2.3　慢充线束的设计要求 ………………………………… 105

  练习题 …………………………………………………………… 106

4.3　交流慢充系统常见故障的检修 ………………………………… 106

    4.3.1　交流慢充系统常见的故障 …………………………… 106

    4.3.2　故障诊断思路 ………………………………………… 108

    4.3.3　交流慢充系统充电故障的检修 ……………………… 108

  练习题 …………………………………………………………… 112

第5章　**直流快充系统原理与检修** ……………………………… 113

5.1　直流快充系统的组成和工作原理 ……………………………… 113

    5.1.1　直流快充系统的构成 ………………………………… 113

    5.1.2　直流快充系统的零部件 ……………………………… 115

    5.1.3　直流快充系统的工作原理 …………………………… 119

    5.1.4　直流充电操作注意事项 ……………………………… 122

  练习题 …………………………………………………………… 123

5.2　直流快充系统常见故障的检修 ………………………………… 123

    5.2.1　直流快充系统常见的故障 …………………………… 123

    5.2.2　故障诊断思路 ………………………………………… 124

    5.2.3　直流快充系统故障的检修 …………………………… 125

5.3　国内外电动车无线充电技术发展现状 ………………………… 128

  练习题 …………………………………………………………… 130

附录1 新能源汽车实训指导（整车） ·················· 131

实训一 电动汽车的认识和基本操作 ·················· 131

实训二 高压元件识别和安全防护 ·················· 133

实训三 高压安全防护与高压元件检测 ·················· 136

实训四 新能源汽车充电操作步骤 ·················· 138

实训五 新能源汽车车载充电机的拆装 ·················· 141

实训六 交流慢充电系统的基本操作 ·················· 143

实训七 交流慢充电线束的更换 ·················· 145

实训八 交流充电系统无法充电故障的检修 ·················· 147

实训九 直流快充充电操作与拆装 ·················· 150

实训十 直流充电系统常见故障检修 ·················· 154

附录2 新能源充电设施安装与维护职业技能等级标准（节选）
·················· 157

参考文献 ·················· 164

第1章　新能源汽车知识

1.1　新能源汽车发展概述

◇ **学习目标**

（1）了解新能源汽车的概念和我国新能源汽车的发展状况；

（2）掌握新能源汽车的类型及技术特点，会利用相关文献检索国内外新能源汽车知识；

（3）了解国内外主要新能源汽车厂商和品牌；

（4）了解新能源汽车的发展趋势。

◇ **学习准备**

新能源汽车一体化汽车实训教室，配备如下实训设备、仪器仪表等。

（1）设备：纯电动吉利帝豪 E450/北汽 EV200 汽车，新能源汽车实训台等；

（2）安全防护用具。

在实训前，须学习实训室安全管理制度。

1.1.1　新能源汽车的发展背景

2012 年 7 月 9 日，由国务院发布的《节能与新能源汽车发展规划（2011—2020 年）》正式明确了我国节能与新能源汽车发展的技术路线和主要目标，以纯电驱动为新能源汽车发展和汽车工业转型的主要战略取向，重点推进纯电动汽车和插电式混合动力汽车产业化，推广普及非插电式混合动力汽车、节能内燃机汽车，提升我国汽车产业整体技术水平。

2020 年 11 月，国务院办公厅印发《新能源汽车产业发展规划（2021—2035 年）》，要求深入实施发展新能源汽车国家战略，推动中国新能源汽车产业高质量可持续发展，加快建设汽车强国。

据中国汽车工业协会统计数据显示：2019 年全年我国新能源汽车产销分别完成 124.2 万辆和 120.6 万辆；2020 年全年我国新能源汽车累计产销量 136 万辆。

据 2021 年 12 月 10 日中央电视台新闻报道：2021 年 1~11 月我国新能源汽车产量达到 302.3 万辆。据中国汽车工业协会 2022 年 1 月 19 日统计数据：2021 年我国新能源汽车产销分别达到 354.5 万辆和 352.1 万辆，同比增长均为 1.6 倍。

1.1.2　新能源汽车的概念

新能源汽车是指采用非常规的车用燃料作为动力来源，综合车辆的动力控制和驱动方面的先进技术，形成的具有新技术、新结构、技术原理先进的汽车。2017 年 1 月 6 日工业和信息化部（简称工信部）发布的第 39 号部令《新能源汽车生产企业及产品准入管理规定》第三条对新能源汽车进行了定义：采用新型动力系统，完全或主要依靠新型能源驱动的汽车，包括插电式混合动力（含增程式）汽车、纯电动汽车和燃料电池汽车等。

1.1.3　新能源汽车的分类及特点

新能源汽车包括混合动力汽车、纯电动汽车、燃料电池汽车、氢发动机汽车、超级电容汽车、燃气汽车、醇类醚类燃料汽车、太阳能汽车、生物柴油汽车等。在我国，新能源汽车主要是指纯电动汽车、增程式电动汽车、插电式混合动力汽车和燃料电池电动汽车等。新能源汽车部件分布图如图 1-1 所示。新能源汽车结构图如图 1-2 所示。

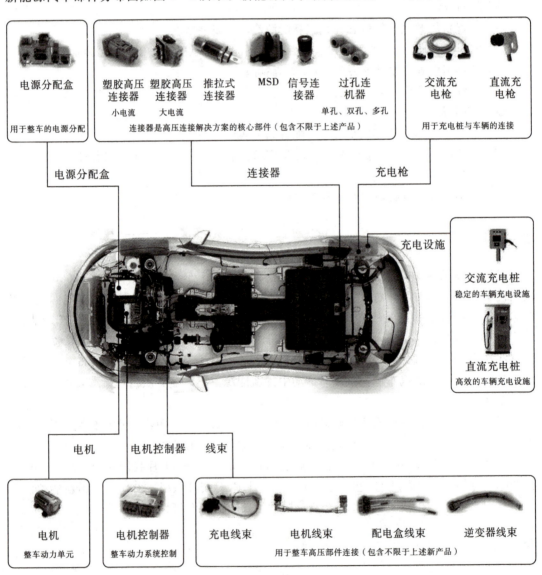

图 1-1　新能源汽车部件分布图

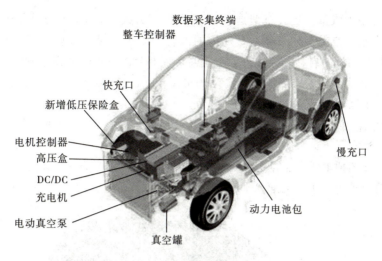

图1-2 新能源汽车结构图

1. 混合动力汽车

混合动力汽车是指油电混合动力汽车（Hybrid Electric Vehicle，HEV），即采用传统的内燃机（柴油机或汽油机）和电动机作为动力源，也有的发动机经过改造使用其他替代燃料，例如压缩天然气、丙烷和乙醇燃料等。

混合动力装置既发挥了发动机持续工作时间长、动力性能好的优点，又具备电动机无污染、低噪声的特性，二者取长补短，可使汽车的热效率提高10%以上，废气排放改善30%以上。

1）混合动力汽车的分类

（1）按混合动力驱动的连接方式，混合动力汽车可以分为以下三类。

① 串联式混合动力汽车（SHEV）：主要由发动机、发电机、驱动电机等三大动力总成以串联方式组成的HEV动力系统。串联式混合动力汽车的组成如图1-3所示。

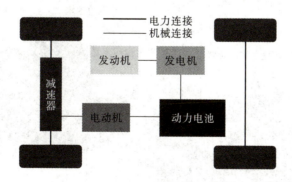

图1-3 串联式混合动力汽车的组成

② 并联式混合动力汽车（PHEV）：其发动机和驱动电机都是动力总成，两大动力总成的功率可以互相叠加输出，也可以单独输出。

③ 混动式混合动力汽车（PSHEV）：综合了串联式和并联式结构而组成的电动汽车，由发动机、电动-发电机和驱动电机三大动力总成组成。

（2）按混合动力系统中混合度的不同，混合动力汽车还可以分为以下四类。

① 微混合动力汽车。代表车型是 PSA 的混合动力版 C3 和丰田的混合动力版 Vitz。

② 轻混合动力汽车。代表车型是通用的混合动力车。轻混合动力汽车除了能够实现用发电机控制发动机的启动和停止外，还能够实现部分能量吸收和充电调节。

③ 中混合动力汽车。本田旗下混合动力的 Insight、Accord 和 Civic 都属于这种汽车。中混合动力汽车采用的是高压电机。

④ 完全混合动力汽车。丰田的 Prius 和 Estima 都属于完全混合动力汽车。

混合动力汽车还可以分为普通混合动力汽车、插电式混合动力汽车及增程式混合动力汽车。这里只介绍插电式混合动力汽车。

插电式混合动力汽车比亚迪宋 DM 如图 1-4 所示。

图 1-4　插电式混合动力汽车比亚迪宋 DM

插电式混合动力汽车是指具有可外接充电功能并且具有一定的纯电动续驶里程的(简称 PHEV)新型混合动力电动汽车。区别于传统汽油动力与纯电驱动结合的混合动力，插电式混合动力的驱动原理、驱动单元与纯电动汽车相同，唯一不同的是车上装备有一台发动机。与其他混合动力汽车相比，插电式混合动力汽车具有较大容量的动力电池组、较大功率的电机驱动系统以及较小排量的发动机，如图 1-5 所示。

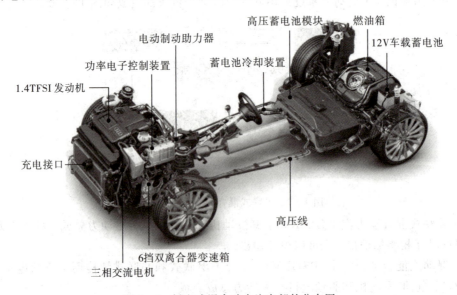

图 1-5　插电式混合动力汽车部件分布图

插电式混合动力汽车的优点如下：

(1) 具有低排放和低噪声。

(2) 介于常规混合动力电动汽车和纯电动汽车之间，出行里程长时可采用以内燃机为主的混合动力模式，出行里程短时则采用纯电动模式。

(3) 用电比用燃油便宜，可以降低使用成本。

插电式混合动力汽车的缺点如下：

(1) 电池容量小，充电次数多，导致电池寿命短。

(2) 既有发动机，又有电机、电池等，占用车体空间大，重量重，耗油/电高。

(3) 结构复杂，故障率高，维护保养成本高，要保养发动机和变速箱，还要保养电池、电动机。

(4) 价格比同车同型号贵。

2）混合动力汽车的特点

(1) 优点：

① 与传统汽车相比，由于内燃机总是工作在最佳工况，因此油耗非常低。

② 内燃机主要工作在最佳工况点附近，燃烧充分，排放气体较干净，起步无怠速（怠速停机）。

③ 电池组的小型化使成本和重量低于电动汽车。

④ 发动机和电机动力可互补，低速时可用电机驱动行驶。

(2) 缺点：

① 系统结构相对复杂。

② 长距离高速行驶时的节油效果不明显。

2. 纯电动汽车

纯电动汽车是采用电力驱动的汽车，是用可充电蓄电池或其他能量储存装置为动力源，用电机驱动车轮行驶，符合道路交通、安全法规和国家标准各项要求的车辆。纯电动汽车不需要其他能量，如汽油、柴油等，其电力可以通过多种路径获得能源，如煤、核能、水力、风力、光、热等，可解除人们对石油资源日见枯竭的担心。纯电动汽车可以通过家用电源（普通插座）、专用充电桩或者特定的充电场所进行充电，还可以充分利用晚间用电低谷时富余的电力充电，使发电设备日夜都能充分利用，满足日常的行驶需求，大大提高其经济效益。纯电动汽车的构造如图1-6所示。

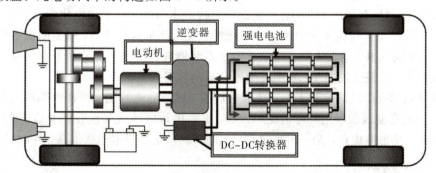

图1-6 纯电动汽车的构造

纯电动汽车与内燃机汽车的最明显区别,是用电动机驱动装置和蓄电池组件替代内燃机和燃料箱。

纯电动汽车的电力动力系统主要由电动机驱动系统、储能系统(动力电池组)、辅助系统三个部分组成。其中电动机驱动系统由控制器(电机控制器)、电力电子变换器(逆变器/DC-DC)、电动机、机械传动装置、驱动轮组成;储能系统由储能单元、能量管理与分配单元组成;辅助系统由整车控制器、舒适系统、辅助电源组成。

纯电动汽车的优点是技术相对简单成熟,只要有电力供应的地方就能够充电;缺点是蓄电池单位重量储存的能量太少,电动车的电池较贵,特别是充电后续航距离短,不能跑长途。

3. 燃料电池电动汽车

燃料电池电动汽车是一种不烧燃料而直接以电化学反应方式将燃料的化学能转变为电能,依靠电机驱动的汽车。燃料电池电动汽车如图1-7所示。

图1-7　燃料电池电动汽车

燃料电池的工作原理是:电池的阳极(燃料极)输入氢气(燃料),氢分子(H_2)在阳极催化剂的作用下被离解成为氢离子(H^+)和电子(e^-),H^+穿过燃料电池的电解质层向阴极(氧化极)方向运动,e^-因无法通过电解质层而由一个外部电路流向阴极;在电池阴极输入氧气(O_2),氧气在阴极催化剂的作用下离解成为氧原子(O),与通过外部电路流向阴极的e^-和燃料穿过电解质的H^+结合生成稳定结构的水(H_2O),完成电化学反应放出热量。这种电化学反应与氢气在氧气中发生的剧烈燃烧反应是完全不同的,只要阳极不断输入氢气,阴极不断输入氧气,电化学反应就会连续不断地进行下去,e^-就会不断通过外部电路流动形成电流,直接变成电能,从而连续不断地向汽车提供电力。

燃料电池的化学反应过程不会产生有害产物,燃料电池的能量转换效率比内燃机要高2~3倍,因此在能源的利用和环境保护方面,燃料电池电动汽车具有效率高、噪声低、清洁、无污染物排出等优点,是一种理想车型;但其缺点是燃料电池成本高、寿命短。

4. 氢发动机汽车

氢发动机汽车是以氢气为动力的汽车。与普通汽车相比,氢发动机汽车具有明显的优势。氢气在燃烧的过程中,只排出水蒸气而不是二氧化碳等污染性废气,既可以无限循环,又不会污染环境;它的燃料效率非常高,可以将氢能的 60%～80%转变为驱动能,而普通汽车的转化率仅为 25%～30%。氢发动机如图 1-8 所示。宝马 7 系氢发动机汽车如图 1-9 所示。

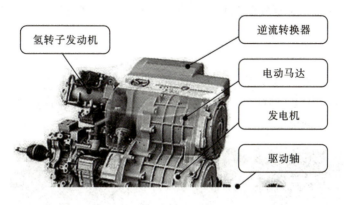

图 1-8　氢发动机

图 1-9　宝马 7 系氢发动机汽车

中国长安汽车在 2007 年完成了中国第一台高效零排放氢内燃机的点火,并在 2008 年北京车展上展出了自主研发的中国首款氢动力概念跑车"氢程"。国产氢发动机汽车如图 1-10 所示。

图 1-10　国产氢发动机汽车

氢发动机汽车分为两种：一种是氢内燃机车，由内燃机燃烧氢（通常通过分解甲烷或电解水来获得）产生动力来驱动汽车；另一种是氢燃料电池车，使氢或含氢物质与空气中的氧在燃料电池中反应产生电力来推动电动机，由电动机驱动车辆。

氢发动机汽车的优点是利用氢作为能源与空气中的氧气反应，只产生水蒸气排放，有效地减少了传统汽油车对空气的污染；缺点是能耗低，车辆质量降低，抗碰撞性能降低；氢气存储困难，加氢站少。

5. 超级电容汽车

超级电容汽车的外观与普通无轨电车相似，只是车顶部没有两根"辫子"。电车底部装了一种超级电容，车辆进站后的上下客间隙，车顶充电设备随即自动升起，搭到充电站的电缆上，通过 200 A 的电流完成充电。国产超级电容客车如图 1-11 所示。

图 1-11　国产超级电容客车

新能源客车是公共交通工具的主体。在新能源客车领域，超级电容广泛应用于城市混合动力客车制动能量回收系统。由超级电容模块组成的制动能量回收系统能够吸收并存储车辆在制动时产生的全部动能，当客车启动或加速时将这些能量释放出来，从而使车辆节省油耗、减少排放。

超级电容的优点：

（1）充电速度快，充电 10 s 可运行 3 km；

（2）循环使用寿命长，深度充放电循环使用次数为 1～50 万次，没有"记忆效应"；

（3）大电流放电能力超强，能量转换效率高，过程损失小，大电流能量循环效率≥90%；

（4）功率密度高，可达 300～5000 W/kg，相当于电池的 5～10 倍；

（5）产品从原材料到生产、使用、储存以及拆解过程均没有污染，是理想的绿色环保电源；

（6）充放电线路简单，无须充电电池那样的充电电路，安全系数高，长期使用免维护；

（7）超低温特性好，温度范围宽，-40～+70℃均可正常使用；

（8）检测方便，剩余电量可直接读出；

（9）容量范围通常在 0.1～1000 F。

超级电容的缺点：

（1）如果使用不当会造成电解质泄漏等现象；

（2）与铝电解电容器相比，其内阻较大，因而不可以用于交流电路；

（3）能量密度低，很难满足整车需求，一般作为辅助蓄能器，功率输出随着行驶里程增加而衰减。

6. 其他新能源汽车

1）燃气汽车

燃气汽车是指用压缩天然气（CNG）、液化石油气（LPG）和液化天然气（LNG）作为燃料的汽车。燃气汽车排放性能好，可调整汽车燃料结构，运行成本低、技术成熟、安全可靠，所以被世界各国公认为当前最理想的替代燃料汽车。

燃气汽车的优点：

（1）有较高的经济效益。就汽车窗体顶端发动机而言，天然气容易扩散，在发动机中容易和空气均匀混合，燃烧比较完全、干净，不容易产生积碳，抗爆性能好，不会稀释润滑油，因而使发动机的寿命和润滑油的使用期限大幅度增长，提高了汽车使用的经济性。

（2）有较好的社会效益。与石油燃料相比，气体燃料在制备过程中能量损失较小，对大气的有害排放污染物少，有利于环境保护。

（3）比较安全。CNG、LNG 和 LPG 汽车的气瓶或气罐等都很结实可靠，稍有泄漏，很快就会扩散到大气中，且气体燃料系统的各个部件都经过严格的检查。因此，天然气作为汽车燃料是比较安全的。

燃气汽车的缺点：

（1）由于气体燃料的能量密度低，燃气汽车携带的燃料量较少，行驶距离较汽油车短。汽油汽车在改用天然气后功率往往会下降 10%～20% 左右，将出现爬坡不如汽油车有劲、加速响应慢等现象。

（2）要在原汽车基础上增加天然气燃料系统，特别是气瓶使原来的汽车的有效空间减少，本身的自重也增加了。

（3）天然气是气态燃料，不容易储存和携带，还需要一定的改车投资费，一次性投资费用较大。

虽然燃气汽车有以上的不足之处，但从总的经济和社会效益分析，用天然气作为汽车燃料还是利大于弊。

2）乙醇汽车

乙醇俗称酒精，通俗些说，使用乙醇为燃料的汽车，也可叫乙醇汽车。用乙醇代替石油作为燃料的历史已经很长，无论是在生产上还是在应用上该技术都已很成熟。由于石油资源紧张，汽车能源多元化趋向加剧，使得乙醇汽车又被提上了议事日程。

乙醇汽油是指在汽油组分油中，按体积比加入一定比例的变性燃料乙醇混配而成的一种新型清洁车用燃料。

乙醇汽油的优点：

（1）不仅动力强，而且防爆性好。乙醇汽油采用高压缩比来提高发动机的热效率，能靠其强大的蒸发量来提高发动机的进气量，增强发动机的动力。

（2）环保。乙醇的原料是含氧的，充分燃烧之后能有效降低尾气的排放量。

（3）减少积碳。由于乙醇汽油独特的燃烧性，火花塞、气门、排气室等较容易形成积碳。乙醇汽油能有效消除这些部位的积碳。

乙醇汽油的缺点：

（1）乙醇汽油蒸发潜热高，燃料在蒸发的时候温降大，在冬季的时候会造成发动机启动困难。

（2）乙醇汽油的保质期比普通汽油要短，保质期过后有分层现象。

（3）乙醇容易对橡胶件及合成非金属材料会产生腐蚀等。

3）甲醇汽车

用甲醇代替石油燃料的汽车更为环保，一氧化碳、碳氢化合物、氮氧化合物等有害物质的排放量非常低；甲醇成本比汽油要低得多，加满一次即可连续行车四五百公里，而且最难得的是，燃料电池电动汽车无须将油缸进行改装，只需将现有的油缸改存甲醇即可。

甲醇汽油的优点：甲醇环保、安全，比汽油便宜得多，可以对发动机、油箱、管道进行清洗。

甲醇汽油的缺点：长时间使用甲醇会腐蚀喷油泵和油管，以及在气温低的情况下发动机启动困难。

4）太阳能汽车

太阳能汽车是一种靠太阳能来驱动的汽车。正因为其环保的特点，太阳能汽车被诸多国家所提倡，太阳能汽车产业的发展也日益蓬勃。在太阳能汽车上装有密密麻麻像蜂窝一样的装置就是太阳能电池板。太阳能电池依据所用半导体材料的不同，通常分为硅电池、硫化镉电池、砷化镓电池等，其中最常用的是硅太阳能电池。在阳光下，太阳能光伏电池板采集阳光，并产生人们通用的电流。这种能量被蓄电池储存并为以后行驶提供动力，或者直接提供给发动机可以边开边蓄电，能量通过发动机控制器带动车轮运动，推动太阳能汽车前进。相比传统热机驱动的汽车，太阳能汽车是真正的零排放。

太阳能汽车的优点：

（1）无污染，无噪声。因为不用燃油，所以太阳能汽车不会排放污染大气的有害气体；因为没有内燃机，所以太阳能汽车在行驶时听不到燃油汽车内燃机的轰鸣声。

（2）易于驾驶。无须电子点火，只需踩踏加速踏板便可启动，利用控制器来改变车速；无须换挡、踩离合器，简化了驾驶的复杂性。

太阳能汽车的缺点：太阳能电池造价高，技术不够成熟，太阳能转换效率不够高、速度慢，还无法进入实用阶段；体积庞大，不利于推广。

1.1.4　国内外主要新能源汽车简介

1. 国内外新能源汽车部分代表车型

国内外新能源汽车部分代表车型如表1-1所示。

表 1-1　国内外新能源汽车部分代表车型

生产厂商	品牌/车型	车 辆 类 型
丰田	iA5，C-HR 双擎，卡罗拉新能源	纯电动，油电混合动力，插电式油电混合动力
奥迪	A6L，e-tron，A8L	纯电动，油电混合动力，插电式油电混合动力
宝马	宝马 i3，宝马 i4，宝马 x5	纯电动，油电混合动力，插电式混合动力
大众	宝来，帕萨特混动	纯电动，插电式油电混合动力
特斯拉	Model Y，PHEV	纯电动，插电式油电混合动力
比亚迪	汉 EV，秦 PLUS	纯电动，插电式油电混合动力
本田	绎乐，享域锐，世锐 PHEV	纯电动，油电混合动力，插电式油电混合动力
奔驰	EQC，C 级 Coupe，E 级混动	纯电动，油电混合动力，插电式油电混合动力
吉利	帝豪 EV，ICON，缤越 ePro	纯电动，油电混合动力，插电式油电混合动力
红旗	E-HS3，H5	纯电动，油电混合动力

2. 新能源车型分类

新能源车型有纯电动车型、油电混合动力车型、插电式油电混合动力车型、增程式电动车型、CNG 双燃料车型。下面介绍前 4 类。

（1）纯电动车型。在图 1-12 所示的 127 个新能源车企业/品牌中，纯电动车型有 101 个（见实线部分）。它们可续航 200 km 以上，一般价格为 5～70 万元，也有 70 万元以上的。

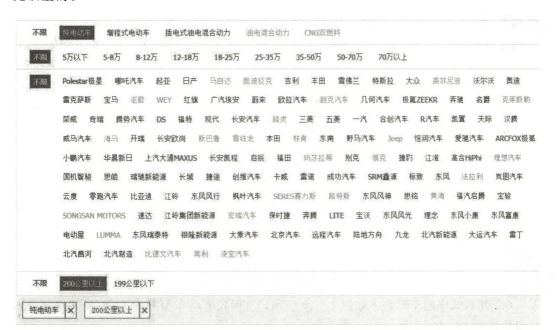

图 1-12　纯电动车型

　　（2）油电混合动力车型。如图1-13所示，油电混合动力车型有29个（见实线部分），一般价格为8～70万元，也有70万元以上的。

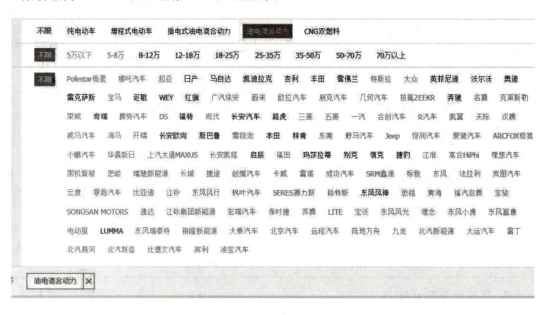

图1-13　油电混合动力车型

　　（3）插电式油电混合动力车型。如图1-14所示，插电式油电混合动力车型有36个（见实线部分），一般价格为8～70万元，也有70万元以上的。

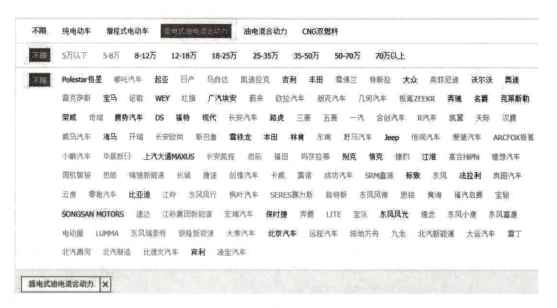

图1-14　插电式油电混合动力车型

　　（4）增程式电动车车型。如图1-15所示，增程式电动车型只有6个（见实线部分），一般价格为12～35万元。

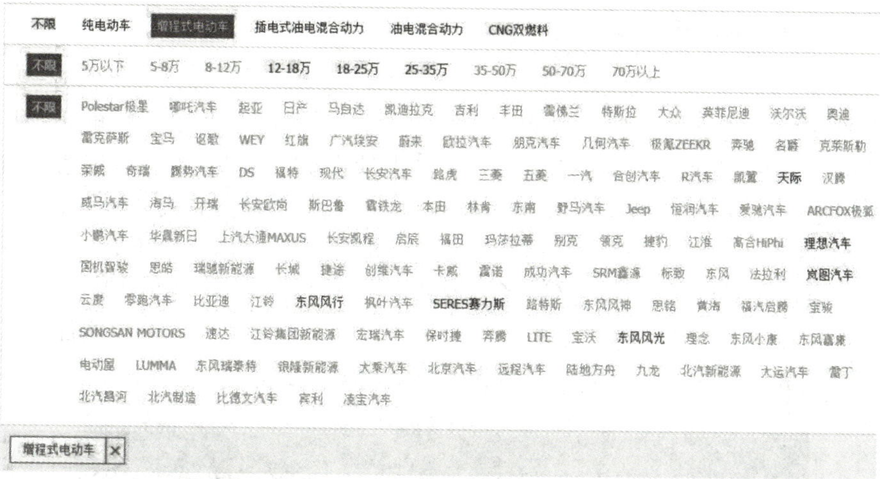

图 1-15 增程式电动车车型

1.1.5 我国新能源汽车的发展现状

随着我国对环境保护政策的加强，我国越来越重视新能源汽车的发展，由于科技和产业变革，新能源汽车已经成为汽车产业转型升级的中坚力量，新能源汽车行业也迎来了前所未有的发展机遇，正从萌芽期向成长期迈进，其保有量在 5 年间增长了 9 倍多。2020 年 11 月，国务院办公厅印发《新能源汽车产业发展规划(2021—2035 年)》，要求深入实施发展新能源汽车国家战略，推动中国新能源汽车产业高质量可持续发展，加快建设汽车强国。

目前国内新能源汽车行业的上市企业有比亚迪股份有限公司、浙江吉利控股集团有限公司、上海汽车集团股份有限公司、广州汽车集团股份有限公司、北汽蓝谷新能源科技股份有限公司、中国长安汽车集团股份有限公司等。

1. 新能源汽车行业的分类

新能源汽车采用非常规的车用燃料作为动力来源(或使用常规的车用燃料、采用新型车载动力装置)。表 1-2 中列出了五种新能源汽车的特点、优势、劣势。

表 1-2 五种新能源汽车的特点

分 类	特 点	代表车型	优 势	劣 势
纯电动汽车(BEV)	完全由充电电池提供能量	特斯拉、蔚来	成本低，技术成熟，噪声小等	续航里程短，充电长
混合动力汽车(HEV)	使用发动机和电动机驱动汽车	东风悦达起亚 K5	省油，降低排放，增强动力	系统结构复杂
插电式混合动力汽车(PHEV)	可外接充电器，可纯电动行驶，可混合动力行驶	比亚迪·秦	电池容量大，续航长	基础设施不完善
增程式电动汽车(REEV)	在纯电动汽车基础上增加了增程器	宝马 i3	起步和加速性能好	充电困难
燃料电池电动汽车(FCEV)	以氢气、甲醇为燃料，经化学反应产生电能	丰田 Mirai	污染小，零排放	产量小，存储困难

2. 新能源汽车的发展现状

1）续航里程

2021年5月18日上午9时，在四川新纪元公司厂区举行了"四川造"电动汽车试验运营启动仪式。在活动起航现场，一台改装后的纯电动汽车，携带重量符合国家工信部标准（电池质量占整车比重的25％以下）的新型锂电池，通过三电动力总成创新集成，一次充电工况可运行1000 km以上。该车运行时间从5月18日上午9点31分开始，5月19日凌晨3点17分结束，历时17小时46分钟，合计工况运营1011 km，耗电85 kW·h，挑战工况运营1000 km成功。本次测试完美书写了"长续航""电池寿命长""安全性能优""系统集成强""中国芯"的技术风采。纯电动汽车续航里程提升现场会如图1-16所示。

图1-16　纯电动汽车续航里程提升现场会

2）电池

在新能源汽车的成本中，电池成本通常要占到40％左右，再加上占10％左右的电机和10％左右的电控成本，"三电"共占电动汽车成本的60％左右，如图1-17所示。因此，提升电池技术对新能源汽车来说非常重要。

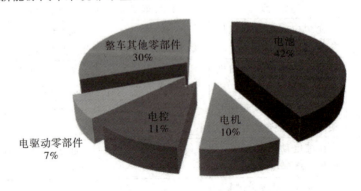

图1-17　新能源汽车成本

3）电机基本完成国产化

目前我国新能源汽车的电机基本完成了国产替代，且集成化程度越来越高。电机驱动系统是新能源汽车三大核心部件之一，是新能源汽车车辆行驶中的主要执行结构，其驱动特性决定了汽车行驶的主要性能指标。电动汽车的整个驱动系统包括电动机驱动系统与机械传动机构两个部分。电动机驱动系统主要由电机、功率转换器、控制器、各种检测传感器以及电源等部分构成。

新能源汽车的电机通过从电池中获取有限的能量产生动作，所以要求其在各种环境下的效率都要很高，在性能上要比一般工业用的电机更加严格。电动汽车专用的电机需要满足高速化、小型轻量化、高效性（一次充电后的续驶里程长）、低速大转矩情况下大范围内的恒定输出特性、寿命长以及高可靠性、低噪声和成本低廉等性能。

未来新能源汽车的电机驱动系统将朝着小型轻量化、高效性、更出色的转矩特性、使用寿命长、可靠性高、电机控制器实现数字化、控制精度高、噪声低、价格低廉的方向发展。

4）电控系统核心模块 IGBT

电控系统核心模块采用绝缘栅双极型晶体管（IGBT）。从功能上来说，IGBT 就是一个电路开关，优点就是用电压控制，饱和压降小、耐压高，可在几十到几百伏量级电压、几十到几百安量级电流的强电上应用。

新能源汽车电控系统包括三部分，分别是整车控制器、电机控制器和电池控制器。其中新能源整车控制器和电池控制器相对成熟，电机控制器相对落后，主要是因为核心部件 IGBT 国内能生产的企业只有中车时代和比亚迪两家，90％以上依靠进口。IGBT 模块成本占据电控系统成本的 40％以上，如果加上充电系统中的 IGBT，则成本占比更高。

IGBT 模块主要包括母排电极、键合引线、芯片、焊层、衬板和基板几大部分，各个部分之间采用的连接技术构成了 IGBT 模块封装的关键技术。

5）智能网联

智能网联汽车是车联网与智能车的有机结合，是搭载先进的车载传感器、控制器、执行器等装置，并融合现代通信与网络技术，实现车与人、车、路、后台等智能信息交换共享，实现安全、舒适、节能、高效行驶，并最终替代人来操作的新一代汽车，它将改变驾驶员的主导地位。智能网联汽车实现了车内网、车外网、车际网的无缝连接，具备信息共享、复杂环境感知、智能化决策等功能，是 AI、信息通信、大数据、云计算等战略性高新技术的支撑点和战略制高点。

2021 年 7 月 13 日，中国互联网协会发布了《中国互联网发展报告（2021）》，在车联网领域，2020 年智能网联汽车的销量超过了 303 万辆，同比增长了 107％。车联网为汽车工业产业的升级提供了驱动力，已被提到国家战略的高度，我国车联网标准体系建设已经基本完成。现在大部分汽车品牌都在向智能网联发展，如大众、雪佛兰、起亚、福特、本田、别克、飞思卡尔等。

国家非常重视发展智能网联汽车，2021 年 7 月 27 日，工信部、公安部、交通运输部印发了《智能网联汽车道路测试与示范应用管理规范（试行）》的通知。

6）充电桩

充电桩是新能源汽车行业发展的基石，随着电动车的不断放量，充电桩作为配套设施必须跟上。

2021年9月10日，中国电动汽车充电基础设施促进联盟发布8月充电桩运营数据。数据显示，2021年8月比2021年7月公共充电桩增加了3.44万台，8月同比增长了66.4%。

1.1.6　新能源汽车的发展趋势

综上所述，由于新能源汽车的发展受到诸多现实因素和技术要求的限制，以目前的技术条件来看，想要实现新能源汽车的全方位大发展，还有待新的突破。当前普遍认为，汽车工业的发展主要集中在纯电动汽车、混合动力汽车、燃料电池汽车三类新能源汽车上，所有新能源汽车都要向轻量化和智能化方向发展。

1. 三类新能源汽车的发展趋势

1）纯电动汽车

由于电池技术的原因，纯电动汽车微型化已成为其发展的一个趋势。

以高性能的镍氢、镍镉电池和锂电池为代表的新一代电池为纯电动汽车的发展提供了坚实的基础。

目前，纯电动汽车的发展虽然已经取得很好的效果，部分车型充满一次电能行驶400～500 km，但是在偏僻地方依然无法保证，因为充电桩很少、甚至没有。此外仍存在不少问题，诸如电池容量、驱动电机、快速充电、二次污染等方面。目前世界各国研究机构和企业都在加紧进行电池的研究，努力实现电动汽车充满一次电可行驶1000 km的目标。

2）混合动力汽车

目前世界各大汽车公司无不涉足电动汽车领域，但是由于技术和经济上存在的各种困难，纯电动汽车还有相当长的路要走才有可能实现商品化；而混合动力汽车技术相对比较成熟，由于采用了机电耦合技术和智能化的整车控制策略，因此实现了整车的高性能，解决了低能耗和低排放等问题。

3）燃料电池汽车

氢燃料电池汽车相比较于其他几类新能源汽车来说，是技术难度最大的一种。氢燃料电池汽车虽较早被投入研发，但目前为止进展不大。

氢燃料电池以氢为能量来源，通过电子的得失产生电力来驱动电机。目前此项技术仍然处在研发或者测试阶段，无真正意义的产品问世，所以它的未来之路需要继续探索。但是，若氢燃料电池汽车在技术上一旦获得质的突破，它将是未来新能源电动汽车中最为抢手的。

2. 轻量化

目前新能源汽车动力电池外壳用材种类众多，既有钢、铁、铝合金等金属材料，也有塑料、碳纤维等非金属材料，其中钢材在汽车中的应用比例仍然达到50%以上。国内外轻量化的研究主要是对新能源汽车进行轻量化方面的研究和设计，世界的统一观点为轻量化是解决当前汽车节能减排的最有效措施，也是当前汽车工业追求可持续发展的趋势。汽车的整体质量减少10%，汽车的油耗也会减少6%～8%，同时也会减少二氧化碳和其他氮化物等有害物质的排放。新能源汽车的轻量化可以保证提升自身的动力性，来解决自己的续航问题，也可以平衡自身的轻量化材料成本。新能源汽车动力电池托盘以前多采用钢材制造，如今以铝合金型材为主。铝合金型材的密度为 2.7 g/cm³，无论在收缩还是焊接等方面，铝合金材质优势明显。而镁合金的密度为 1.8 g/cm³，碳纤维是 1.5 g/cm³，用这些材料制造电池托盘可实现大幅减重。非金属材料在这个领域具有非常好的应用优势。

非金属材料在电机上也有广泛的应用，比如聚苯硫醚具有强度高、耐高温、高阻燃、耐腐蚀的性能，可以代替部分金属来制造新能源汽车的关键零部件，同时在智能网联领域，也可用于传感器、控制器、执行器，以及摄像头、雷达等。

3. 智能化

新能源汽车智能化包括自动循迹系统、主动转向系统和主动防撞系统三部分。

（1）自动循迹系统：在主循迹横向控制方法和纵向控制方法的基础上，提出了智能汽车自适应径向基函数神经网络补偿横向控制方法和两种改进的纵向控制方法，并针对不同的行驶工况提出一种多控制方法变换策略。

（2）主动转向系统：通过计算机根据各种参数来自动调节车辆转向传动比，能真正解决灵活性、稳定性和驾乘舒适性之间的冲突。主动转向系统是在方向盘系统中安装了一套根据车速调整转向传动的变速箱。这个系统包含了一个行星齿轮和两根输入轴。

（3）主动防撞系统：主动防撞系统是防止汽车发生碰撞的一种智能装置。它能够自动发现可能与汽车发生碰撞的车辆、行人或其他障碍物体，发出警报或同时采取制动、规避等措施，以避免碰撞的发生。这个系统由信号采集系统、数据处理系统、执行机构组成。

① 信号采集系统：能够自动检测出前方障碍物的速度和距离；

② 数据处理系统：通过计算机芯片对两车距离以及两车的瞬时相对速度进行处理后，能够自动刹车或者自动锁死方向盘。

③ 执行机构：负责实施数据处理系统发来的指令，发出警报，能够自动启动刹车装置，锁死方向盘，自动关闭车的侧窗、天窗，自动调整座椅位置；当乘客遭受撞击时，能最大限度受到气囊的保护。

◇ 练习题

1. 什么是新能源汽车？
2. 电动汽车可以分为哪三类？
3. 纯电动汽车的基本构成及工作原理是什么？
4. 新能源汽车主要有哪些类型？各自有什么特点？
5. 我国新能源汽车目前发展的特点有哪些？

1.2 新能源汽车的结构、工作原理和基本操作

◇ 学习目标
（1）了解纯电动汽车的工作原理和主要特点；
（2）掌握纯电动汽车的主要部件名称、功能和安装位置；
（3）掌握纯电动汽车的基本操作方法。

◇ 学习准备

新能源汽车一体化汽车实训教室，配备如下实训设备、仪器仪表等。

(1) 设备：纯电动吉利 EV450/北汽 EV200 汽车或实验实训台等。

(2) 工具量具设备：绝缘工具、绝缘手套、万用表等。

(3) 辅助工具：二氧化碳灭火器、手电筒、抹布。

(4) 其他材料：教材、课件、电动汽车使用手册等。

1.2.1 纯电动汽车的基本结构及工作原理

1. 基本结构

纯电动汽车(Electric Vehicle，EV)是完全由车载可充电电池(如铅酸电池、镍氢电池或锂离子电池)为动力，用电机驱动车轮行驶，符合道路交通安全法规各项要求的车辆。

纯电动汽车主要由动力驱动子系统、能源子系统和辅助控制子系统等部分组成。纯电动汽车基本结构如图 1-18 所示。

动力驱动子系统

能源子系统

辅助控制子系统

图 1-18 纯电动汽车基本结构

1) 动力驱动子系统

动力驱动子系统包括整车控制器、电机控制器、驱动电机、机械传动装置和车轮等。其作用是将存储在蓄电池中的电能高效地转化为车轮的动能，并能够在汽车减速制动时，将车轮的动能转化为电能充入蓄电池，这称为再生制动。

(1) 整车控制器。整车控制器负责车辆的能量管理，以获得最佳的能量利用率。整车控制器实时监测整车各个部分信息，将反馈到 MCU 的实时状态、参数、故障信息显示在仪表盘上，并通过声、光等信息提醒驾驶员。整车控制器连续监视整车电控系统，进行故障诊断，存储故障代码，供维修和检查时使用。根据故障内容，及时进行相应的安全保护处理。对故障进行分级处理时，须确保能够维持车辆的最基本驾驶，使车辆行驶到最近维修站进行维修。当钥匙插入自适应巡航控制电源(ACC)挡后，整车控制器上电，反之整车控制器下电，整车控制器只要工作就对控制系统进行自检。整车控制器原理图如图 1-19所示。整车控制器实物图如图 1-20 所示。

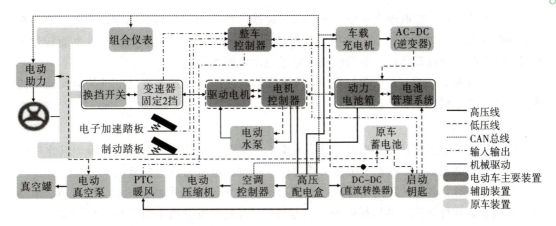

图1-19　整车控制器原理图

图1-20　整车控制器

（2）电机控制器。在电动汽车中，电机控制器的作用是控制电动车辆的启动运行、进退速度、爬坡力度等行驶状态和车辆刹车等，以及将部分刹车能量存储到动力电池中。比亚迪E5电机控制器如图1-21所示。

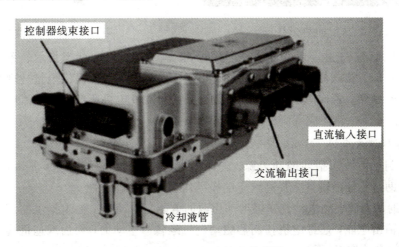

图1-21　比亚迪E5电机控制器

（3）驱动电机。在电动汽车中，为车辆行驶提供驱动力的电机称为驱动电机，驱动车辆以外的电机称为辅助电机。驱动电机是电动车的心脏，为整车提供动力，将电能转化为动能，以驱动电动汽车运行。驱动电机决定了电动汽车的性能。

（4）机械传动装置。在电动汽车中，机械传动装置的作用是将驱动电机的驱动转矩传输给汽车的驱动轴，从而带动汽车车轮行驶。

2）能源子系统

能源子系统包括高压动力电池、低压蓄电池、电池管理系统和充电系统等。其作用是向电动机提供驱动电能、监测电源使用情况以及控制充电机向蓄电池充电。

（1）高压动力电池。高压动力电池的作用是接收和储存由车载充电机、发电机、制动能量回收装置或外置充电装置提供的高压直流电，并且为电动汽车提供高压直流电。高压动力电池如图1-22所示。

（2）低压蓄电池。低压蓄电池的主要作用是在发动机启动或低速运转时，由于汽车发电机不发电或者电压很低，这时发动机、点火系统及车内用电设备所需要的电能，全部由蓄电池供给。在发动机正常运行时，发电机向车内用电设备供电，同时给蓄电池充电；当汽车用电设备用电量过大，超过发电机的供电能力时，蓄电池与发电机共同向车内用电设备供电。同时，蓄电池还是一个大容量电容器，可以吸收车内电路中产生的瞬间高压，从而对车内用电设备进行保护。低压蓄电池如图1-23所示。

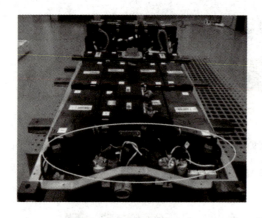

图1-22　高压动力电池

图1-23　低压蓄电池

（3）充电系统。充电系统由蓄电池、发电机、调节器及充电状态指示装置组成。充电系统的作用一是为蓄电池充电，二是在发动机工作时向电气元件提供电量。现在普遍采用的是交流充电系统。若汽车需要的是直流电，则必须对发电机所产生的交流电在输出前先进行整流，将交流电转换成直流电。

3）辅助控制子系统

辅助控制子系统包括辅助动力源、转向系统、空调器、冷却系统、加热系统等部件。其作用是借助这些辅助设备来提高汽车的操纵性和乘员的舒适性。

（1）辅助动力源。纯电动汽车辅助动力源的电能是由动力电池组提供的。电源系统内的动力电池输出电能，通过电机控制器驱动电机运转产生动力，再由减速机构将动力传给驱动车轮，使电动汽车行驶。

纯电动汽车电源系统的辅助动力源一般为12 V或24 V的直流低压电源,它主要为动力转向、制动力调节控制、照明、空调、电动窗门等各种辅助用电装置提供电源。纯电动汽车没有启动机,其蓄电池主要为辅助电气设备供电。

(2)转向系统。转向系统的作用是确保车辆的安全行驶,减少交通事故及保护驾驶员的人身安全,改善驾驶员的工作条件。目前的转向系统有电动液压助力转向系统、电动助力转向系统(EPS)和线控电动转向系统。

转向系统一般由电子控制单元、转矩(转向)传感器、电动机、齿轮减速器、机械转向器、车速传感器以及电源等部件组成。转向系统电气原理图如图1-24所示。

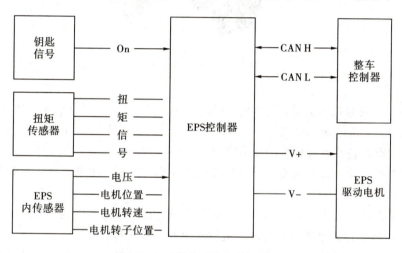

图1-24　转向系统电气原理图

① 当整车处于停车下电状态时,EPS控制器不工作(EPS控制器不进行自检、不与VCU通信,EPS驱动电机不工作);当钥匙开关处于On挡时,On挡继电器吸合后EPS控制器开始工作。

② 当EPS控制器正常工作时,EPS控制器根据来自整车控制器的车速信号、唤醒信号以及来自扭矩传感器的扭矩信号和EPS驱动电机的位置、转速、转子位置、电流、电压信号等进行综合判断,以控制EPS驱动电机的扭矩、转速和方向。

③ 转向控制器在上电200 ms内完成自检,上电200 ms后可以与CAN线交互信息。

④ 当EPS控制器检测到故障时,通过CAN总线向整车控制器发送故障信息,并采取相应的处理措施。

(3)空调器。空调器用于控制车厢内的温度,既能加热空气,也能冷却空气,将车厢内的温度控制在令人舒适的水平。此外,空调器还能够排出厢内空气中的湿气。

(4)冷却系统。冷却系统通常由散热器、电动水泵、电动风扇、节温器、冷却液、温度表等组成。其作用是对容易产生热量而过热的部件进行冷却降温,通常采用空气冷却和水冷却。

(5)加热系统。一般电动汽车加热系统由电机电控温控、动力电池温控、乘客舱温控三部分组成。其作用是在发动汽车之前给电动汽车预热,利用充电机提供的外部电源,用各种加热方法给动力电池加热,使它达到最佳放电工作温度以后,再发动汽车或者开始充电。PTC加热器如图1-25所示。

图1-25　PTC加热器

4）其他部件

新能源汽车还包括电动机、发电机、传动系统、行驶系统、蓄电池等其他部件。

（1）电动机。除了驱动电机外，还有许多其他辅助电机装置，其主要作用是产生旋转运动，作为用电设备或各种机械的动力源。

（2）发电机。发电机的主要作用是将机械能转化为电能，在电动汽车上起能量回收的作用。

（3）传动系统。因为电动汽车具有良好的牵引特性，所以不需要离合器和变速箱，车速控制由控制器通过调速系统改变电动机的转速就可以实现。

（4）行驶系统。行驶系统也就是底盘。和燃油汽车相似，电动汽车行驶系统主要包括车架、车桥、车轮和悬架等。该系统的作用是接收电动机经传动系统传来的转矩，并通过驱动轮和路面间的附着作用，产生路面对汽车的牵引力，以确保正常行驶。

（5）蓄电池。蓄电池的作用是为电动机提供电能。为了满足电动汽车对高电压的需求，通常由多个12 V或24 V的电池串、并联形成的电力电池组作为动力源，动力电池组的电压在155～400 V，以周期性的充电来补充电能。动力电池组是纯电动汽车的关键装备，它储存的电能及其自身的重量和体积对纯电动汽车的性能起决定性的作用。

2. 工作原理

纯电动汽车以电动机代替燃油机，由电机驱动，没有自动变速箱。相对于自动变速箱，电机结构简单、技术成熟、运行可靠。

传统的内燃机能把高效产生转矩时的转速限制在一个比较窄的范围内，这是传统内燃机汽车需要庞大而复杂的变速机构的原因；而电动机可以在相当宽广的速度范围内高效产生转矩，在纯电动汽车行驶过程中不需要换挡变速装置，操纵方便容易，噪声低。

与混合动力汽车相比，纯电动汽车使用单一电能源，电控系统大大减少了汽车内部机械传动系统，结构更简化，也降低了机械部件摩擦导致的能量损耗及噪声，节省了汽车内部空间、重量。

电动汽车和燃油式汽车的主要区别就在于前者有驱动电机、调速控制器、动力电池、车载充电器这四个部件，而且电动汽车的启动速度取决于驱动电机的功率和性能。纯电动汽车的组成和工作示意图如图1-26所示。

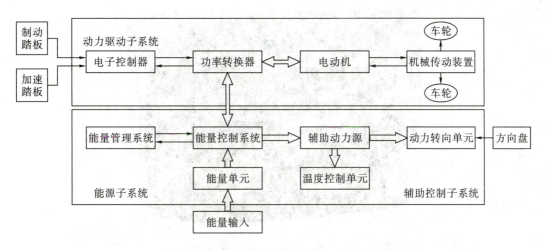

图1-26　纯电动汽车的组成和工作示意图

根据从制动踏板和加速踏板输入的信号，电子控制器发出相应的控制指令来控制功率转换器的通断。功率转换器通断示意图如图1-27所示。

辅助动力源供给系统为动力转向、温度控制单元、制动及其他辅助装置提供动力。除了从制动踏板和加速踏板给电动汽车输入信号外，方向盘输入也是一个很重要的输入信号，动力转向系统根据方向盘的角位置来控制汽车灵活地转向。汽车方向盘如图1-28所示。

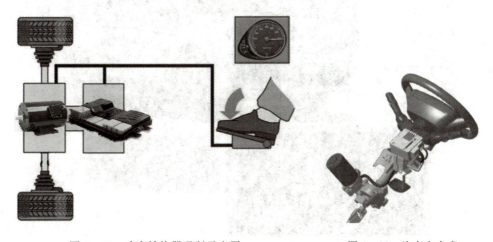

图1-27　功率转换器通断示意图　　　　　图1-28　汽车方向盘

▌ 1.2.2　吉利帝豪EV450纯电动汽车的基本操作

吉利帝豪RV450纯电动汽车使用容量为52 kWh的三元锂电池。该电池具有ITCS2.0智能温控管理系统，可保证车辆在-30~60℃的环境下正常工作。在快充模式下，电池电量从30%充到80%只需0.5 h；而在慢充（交流）模式下，充满电则需要9 h。吉利帝豪EV450纯电动汽车在综合工况下的续航里程可达到400 km；在60 km/h等速情况下，续航里程将超过450 km，最高可达480 km。吉利帝豪EV450车型如图1-29所示。

图 1-29 吉利帝豪 EV450 车型

1. 外观和铭牌参数

吉利帝豪 EV450 纯电动汽车的外观和铭牌如图 1-30 所示。汽车左前门上有 "EN450"标志，其中"EV"表示纯电动汽车，"450"表示该车一次充满电可续航 450 km，标志中的蓝色车牌表示新能源汽车。

图 1-30 帝豪 EV450 外观和铭牌

吉利帝豪 EV450 纯电动汽车的铭牌上显示了车辆的基本信息，包含车辆 VIN 码 （LB378Y4W9JA170542）、车辆年款（2018 年 2 月）、整车最大总质量 1970 kg、驱动电机型号 TZ220XS503、峰值功率 120 kW、动力电池额定电压 346 V、额定容量 150 Ah 等信息。

2. 基本操作

（1）启动前先进行安全检查，注意车辆前后有无障碍物，确定车身没有连接充电线，前机舱和后备箱盖关闭可靠。

（2）使用智能钥匙开锁后须随身携带钥匙进入车内，并观察仪表显示有无异常。

（3）启动操作：踩下制动踏板，按下"ENGINE START／STOP"启停开关（置于方向盘下方的面板上），观察仪表显示，若出现"READY"，则表明上电启动成功，如图1-31所示。

图1-31 上电启动成功

（4）行驶操作：检查车辆前后无障碍及安全隐患，观察仪表显示无异常，然后将换挡手柄置于D或R挡，如图1-32所示，松开电子手刹，轻踩加速踏板，车辆开始向前或后移动。

图1-32 换挡杆置于P挡

（5）停车熄火：需要停车熄火时，踩下制动踏板，待车辆停稳后，换挡杆置于P挡，按下手刹按钮，关闭车窗、车灯及其他电气设备，按下"ENGINE START/STOP"启停开关，待仪表上的"READY"消失，车辆即为熄火（下电）状态。

1.2.3 我国新能源汽车国家标准

1988年，全国汽车标准化技术委员会成立了电动车辆标准化技术委员会，正式开始研究制定我国新能源汽车标准。截至2007年，该委员会已制定并发布了新能源汽车相关国家标准和行业标准共计42项，形成了整车、动力电池、驱动电机等相关检测评价和产品认证能力。这些标准也是新能源汽车修检的技术依据；分别于2011年、2015年、2016年、2017年、2021年又相继推出了相关标准。目前我国正在使用的纯电动汽车国家和行业标准如表1-3所示，电动汽车仪表表盘显示符号标志及其含义如表1-4所示。

表 1-3　我国纯电动汽车国家和行业标准

序　号	标　准　号	标　准　名　称
1	GB/T 34013—2017	电动汽车用动力蓄电池产品规格尺寸
2	GB/T 18488.1—2015	电动汽车用驱动电机系统 第1部分：技术条件
3	GB/T 18488.2—2015	电动汽车用驱动电机系统 第2部分：试验方法
4	GB/T31498—2021	电动汽车碰撞后安全要求
5	GB/T 31466—2015	电动汽车高压系统电压等级
6	GB/T 51077—2015	电动汽车电池更换站设计规范
7	GB/T 19596—2017	电动汽车术语
8	NB/T 33026—2016	电动汽车模块化电池仓技术要求
9	JT/T 1011—2015	纯电动汽车日常检查方法
10	QC/T 897—2011	电动汽车用电池管理系统技术条件

表 1-4　电动汽车仪表表盘显示符号标志及其含义

符号	颜色	名　称	说　　明
	红色	安全带未系	当车辆处于 ON 状态驾驶员安全带未系或者乘客安全带未系时
	红色	安全气囊	当车辆处于 ON 状态且安全气囊发生故障时
	红色	车身防盗	车身防盗开启后
	红色	蓄电池报警灯	蓄电池电压高/低故障或 DCDC 故障时
	红色	门开报警	驾座门/乘客门/行李箱任意门开时
	黄色	ABS	车辆 ABS 系统发生故障时
	绿色	前雾灯	前雾灯打开
	黄色	后雾灯	后雾灯打开
	蓝色	前照灯远光	远光灯打开
	绿色	左转向	左转向打开
	绿色	右转向	右转向打开
	红色	EBD 故障	车辆 EBD 系统发生故障时
	红色	手刹制动	手刹拉起时
	红色	充电提示灯	电量小于 30% 时指示灯点亮；低于 5% 时提示"请尽快充电"
	红色	仪表失去通信	指示灯持续闪烁；车辆出现一级故障时，指示灯持续点亮

续表

符号	颜色	名　称	说　　明
♡	黄色	系统故障	车辆出现二级故障时，指示灯持续点亮
	红色	充电提示灯	充电枪线缆接触不好时，显示"请连接充电枪"
READY	绿色	READY 指示灯	车辆准备就绪时
	红色	跛行指示灯	加速踏板故障时
!	黄色	EPS 故障	EPS 系统发生故障时
N	—	挡位故障	挡位故障触发后，当前挡位持续闪烁
	红色	冷却液温度过高	当电机或电机控制器温度过高而引起冷却液温度过高时
	红色	动力电池断开	当车辆动力电池断开时
	红色	动力电池故障	当车辆动力电池发生故障时
	绿色	示廓灯	当示廓灯打开时

◇ 练习题

1. 与传统汽车相比，电动汽车特有哪些部件？作用是什么？
2. 吉利帝豪 EV450 纯电动汽车与北汽 EV200 纯电动汽车各有什么特点？
3. 纯电动汽车的基本构成及工作原理是什么？

1.3 动力电池及电池管理系统

◇ 学习目标

（1）了解纯电动汽车动力电池及其性能指标；
（2）掌握纯电动汽车的动力电池工作要求及结构；
（3）掌握纯电动汽车蓄电池的种类及特点；
（4）了解动力电池管理系统的工作原理。

◇ 学习准备

新能源汽车一体化汽车实训教室，配备如下实训设备、仪器仪表等。
（1）设备：纯电动吉利 EV450/北汽 EV200 汽车或实验实训台等。
（2）工具量具设备：绝缘工具、绝缘手套、万用表、检测仪等。
（3）辅助工具：二氧化碳灭火器、手电筒、抹布。
（4）其他材料：教材、课件、电动汽车使用手册等。

1.3.1　动力电池主要性能指标

电动汽车上的动力电池主要是化学电池，即利用化学反应发电的电池，可以分为原电池、蓄电池和燃料电池；物理电池一般作为辅助电源使用，如超级电容器等。

动力电池是电动汽车的储能装置，要评定动力电池的实际效应，主要是看其性能指标。动力电池的性能指标主要有电压、容量、内阻、能量、功率、输出效率、自放电率、放电倍率、使用寿命等，根据动力电池种类不同，其性能指标也有差异。

1. 电压

电池电压分为端电压、额定电压、开路电压、工作电压、充电终止电压和放电终止电压等。

额定电压：由极板材料的电极电位和内部电解液的浓度决定。铅酸蓄电池的额定电压为 2 V，金属氢化物镍蓄电池的额定电压为 1.2 V，磷酸铁锂电池的额定电压为 3.2 V，锰酸锂离子电池的额定电压为 3.7 V。

充电终止电压：当蓄电池充足电时，极板上的活性物质已达到饱和状态，若再继续充电，电池的电压也不会上升，此时的电压称为充电终止电压。铅酸蓄电池的充电终止电压为 2.7～2.8 V，金属氢化物镍蓄电池的充电终止电压为 1.5 V，锂离子蓄电池的充电终止电压为 4.25 V。

放电终止电压：当电池在一定标准所规定的放电条件下放电时，电池的电压将逐渐降低，当电池不再继续放电时，电池的最低工作电压称为放电终止电压。金属氢化物镍蓄电池的放电终止电压为 1 V，锂离子蓄电池的放电终止电压为 3.0 V。

2. 容量

容量是指完全充满电的蓄电池在规定条件下所释放的总的电量，即等于放电电流与放电时间的乘积，单位为 A·h 或 kA·h。单元电池活性物质的数量决定单元电池含有的电荷量，而活性物质的含量则由电池使用的材料和体积决定，通常电池体积越大，容量就越高。电池的容量可以分为额定容量、小时率容量、理论容量、实际容量、荷电状态等。

3. 内阻

电池的内阻是指电流流过电池内部时所受到的阻力，一般是蓄电池中电解质、正负极、隔板等电阻的总和。电池内阻越大，电池自身消耗掉的能量也越多，电池的使用效率就越低。内阻很大的电池在充电时发热很严重，使电池的温度急剧上升，对电池和充电机的影响都很大。随着电池使用次数的增加，电解液的消耗及电池内部化学物质活性的降低，蓄电池的内阻会有不同程度的升高。

绝缘电阻是指电池端子与电池箱或车体之间的电阻。

4. 能量

电池的能量是指在一定放电条件下电池所能输出的电能，单位为 W·h 或 kW·h，它影响电动汽车的续驶里程。电池的能量分为总能量、理论能量、实际能量、比能量、能量密度、充电能量、放电能量等。

（1）总能量。总能量是指蓄电池在其寿命周期内电能输出的总和。

（2）理论能量。理论能量是电池的理论容量与额定电压的乘积，是指标准所规定的放电条件下电池所输出的能量。

（3）实际能量。实际能量是电池实际容量与平均工作电压的乘积，表示在一定条件下电池所能输出的能量。

（4）比能量。比能量指的是单位重量或单位体积的能量，电池的比能量就是参与电极反应的单位质量的电极材料放出电能的大小。

（5）能量密度。电池的能量密度也就是电池平均单位体积或质量所释放出的电能。

（6）充电能量。充电能量是指通过充电机输入蓄电池的电能。

（7）放电能量。放电能量是指蓄电池放电时输出的电能。

5. 功率

电池的功率是指电池在一定的放电条件下，单位时间内所输出的能量大小，单位为 W 或 kW。

电池的功率决定了电动汽车在加速和爬坡时的能力。

6. 输出效率

在电化学转换这个可逆的过程中有一定的能量损耗，所以采用动力电池作为能量存储器，充电时将电能转化为化学能储存起来，放电时再将电能释放出来。通常用电池的容量效率和能量效率来表示输出效率。

（1）容量效率。容量效率是指电池放电时输出的容量与充电时输入的容量之比。

（2）能量效率。能量效率也称电能效率，是电池放电时输出的能量与充电时输入的能量之比。

影响能量效率的原因是电池存在内阻，它使电池充电电压增加，放电电压下降。内阻的能量损耗以电池发热的形式被损耗掉。

7. 自放电率

自放电率是指电池在存放期间容量的下降率，就是电池无负荷时自身放电使容量损失的速度，它表示蓄电池搁置后容量变化的特性。

8. 放电倍率

电池放电电流的大小用"放电倍率"表示，就是电池的放电倍率用放电时间表示或者说以一定的放电电流放完额定容量所需的小时数来表示。由此可见，放电时间越短，即放电倍率越高，则放电电流越大。

放电倍率等于额定容量与放电电流之比。

9. 使用寿命

使用寿命是指电池在规定条件下的有效寿命期限。电池发生内部短路或损坏而不能使用，或容量达不到规范要求时电池失效，这时电池的使用寿命终止。

1.3.2 电动汽车对动力电池的工作要求

动力电池是电动汽车的主要能量载体和动力来源，也是电动汽车整车成本的主要组成部分。在电动汽车上普遍使用的电池主要有铅酸电池、镍氢电池和锂离子电池等。

1. 纯电动汽车电池的工作要求

纯电动汽车行驶完全依赖电池的能量，电池容量越大，可以实现的续驶里程就越长，但电池的体积、重量也越大。纯电动汽车要根据道路情况和行驶工况的不同来选配电池，具体要求归纳如下：

（1）电池组要有足够的能量和容量，以保证典型的连续放电不超过 1 C(C 为电池额定容量，单位为 A·h)，典型峰值放电一般不超过 3 C。

（2）电池的放电要能实现深度放电(如 80%)而不影响其寿命，在必要时能实现满负荷放电甚至全负荷放电。

（3）需要安装电池管理系统和热管理系统，能显示电池组的剩余电量和实现温度控制。

（4）由于动力电池组体积和质量大，电池箱的设计、电池的空间布置和安装问题都需要认真研究。

2. 混合动力汽车对电池的工作要求

与纯电动汽车相比，混合动力汽车对电池的容量要求有所降低，但要求为整车实时提供足够的瞬时功率，尽可能提供大电流。

由于混合动力汽车构型的不同，串联式和并联式混合动力汽车对电池的要求也有差别。

（1）串联式混合动力汽车完全由电机驱动，发动机、发电机总成与电池组一起为电机提供需要的电能，对电池的要求与纯电动汽车相似，容量可以小一些。

（2）并联式混合动力汽车发动机和电机都可直接为车轮提供驱动力，整车的功率需求可以由不同的动力组合来满足。动力电池的容量可以小，但是电池组瞬时提供的功率要满足汽车加速或爬坡要求，电池的最大放电电流有时可能高达 20 C 以上。

3. 插电式混合动力汽车(PHEV)对电池的工作要求

PHEV 对动力电池的要求兼顾了纯电动和混合动力两种模式。

PHEV 在设计上既要实现在城市里以纯电动汽车模式行驶，又能实现在高速公路上以混合动力模式行驶。如本田的 Clarity PHEV 纯电驾驶最高时速达到 160 km/h，系统综合续航里程超过 800 km。又如 2021 年 5 月 25 日，赛力斯官方宣布，赛力斯华为智选 SF5 于 5 月 29 正式开启交付，即赛力斯 SF5 华为智选高性能电驱轿跑 SUV。该系统综合续航里程可达到 1000 km。

1.3.3　动力电池系统的结构及工作原理

1. 动力电池系统的结构

新能源汽车的车载电源系统主要由动力电池系统(动力电池模组、电池管理系统、动力电池箱、辅助元器件)和辅助动力源组成。

动力电池模组由多个电池模块或单体电芯串联组成；电池管理系统是整个动力电池系统的神经中枢；动力电池箱用来放置动力电池模组；辅助元器件主要包括动力电池系统内部的电子电器元件，如熔断器、继电器、分流器、接插件、紧急开关、烟雾传感器、维修开关以及电子电器元件以外的辅助元器件，如密封条、绝缘材料等。

辅助动力源是供给新能源汽车其他各种辅助装置所需能源的动力电源，一般为 12 V 或 24 V 的直流低压电源，其作用是给动力转向、制动力调节控制、照明、电动窗门等各种辅助装置提供所需的能源。

动力电池系统的组成如图1-33所示。

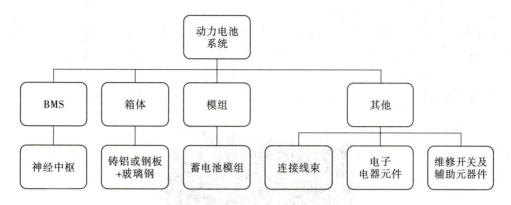

图1-33 动力电池系统的组成

电池单体是构成动力电池模块的最小单元，一般由正极、负极、电解质及外壳等构成，实现电能与化学能之间的直接转换。

电池模块是一组并联的电池单体的组合，该组合的额定电压与电池单体的额定电压相等，是电池单体在物理结构和电路上连接起来的最小分组，可作为一个单元替换。

动力电池系统则是由多个电池模块或单体电芯串联组成的一个组合体。

2. 动力电池系统的工作原理

动力电池系统使用可靠的高压接插件与高压控制盒相连，输出的直流电由电动机控制器转变为三相脉冲高压电，驱动电动机工作；系统内的BMS实时采集各电芯的电压、各传感器的温度值、电池系统的总电压值和总电流值等数据，实时监控动力电池的工作状态，并通过CAN线与ECU或充电机进行通信，对动力电池系统充放电等进行综合管理。动力电池系统放置在一个密封并且屏蔽的动力电池箱内。

1.3.4 电动汽车蓄电池的种类及特点

目前，在电动汽车上使用的蓄电池主要是铅酸电池、镍氢电池和锂离子电池，如丰田和本田电动汽车使用镍氢电池，日产电动汽车使用锂离子电池，克莱斯勒电动汽车使用铅酸电池。

蓄电池以"电"的汉语拼音"D"表示，阀控式密封铅酸蓄电池以"M"表示，免维护铅酸蓄电池以"W"表示。如6DM55，表示单体电池为6只、额定容量为55Ah的电动车辆用阀控式密封铅酸蓄电池。

1. 铅酸蓄电池

铅酸蓄电池是指正极活性物质使用二氧化铅，负极活性物质使用海绵状铅，并以硫酸溶液为电解液的蓄电池。铅酸蓄电池主要用在低速电动汽车上。

1）铅酸蓄电池的基本分类

铅酸蓄电池分为免维护铅酸蓄电池和阀控式密封铅酸蓄电池。

（1）免维护铅酸蓄电池。免维护铅酸蓄电池由于自身结构上的优势，电解液的消耗量非常小，在使用寿命内基本不需要补充蒸馏水，它具有耐震、耐高温、体积小、自放电小的特点，使用寿命一般为普通铅酸蓄电池的2倍。免维护铅酸蓄电池有两种：一种是在购买时一次性加电解液，以后使用中不需要添加补充液；另一种是电池本身出厂时就已经加好电解液并封死，用户不能再加补充液。

（2）阀控式密封铅酸蓄电池。阀控式密封铅酸蓄电池在使用期间不用加酸加水维护，电池为密封结构，不会漏酸，也不会排酸雾。电池盖子上设有安全阀，当电池内部气压升高到一定值时，溢气阀自动打开排出气体，然后自动关闭。

电动汽车使用的动力电池一般是阀控式密封铅酸蓄电池，如图1-34所示。

图1-34　阀控式密封铅酸蓄电池

2）铅酸蓄电池的型号含义

铅酸蓄电池是采用稀硫酸作电解液，用二氧化铅和绒状铅分别作为电池的正极和负极的酸性蓄电池。它通常按用途、结构和维护方式来分类，实际上我国铅酸蓄电池产品型号的中间部分就包含其类型。通常铅酸蓄电池型号用三段式来表示：第一段用数字表示串联的单体电池数，第二段用两组字母分别表示其用途和特征，第三段用数字表示额定容量。如型号6DAW150表示为由6个单体电池串联组合（通常单体电池电压为2.0 V）成为额定电压12 V、用于电动道路车辆的干荷电式、免维护及额定容量为150 A·h的蓄电池，其中特征就是按其结构和维护方式来划分的。铅酸蓄电池的型号含义如图表1-5所示。

表1-5　铅酸蓄电池的型号含义

字母	含　义	字母	含　义
Q	启动用（启动发动机，要求大电流放电）	A	干荷电式（极板处于干燥的荷电状态）
G	固定用（固定设备中作保护等备用电源）	F	防酸式（电池盖装有防酸栓）
D	电池车（作牵引各种车辆的动力电源）	FM	阀控式（电池盖设有安全阀）
N	内燃机车（用于内燃机车启动和照明等）	W	无需维护（免维护或少维护）
T	铁路客车（用于车上照明等电气设备）	J	胶体电解液（电解液使用胶状混合物）
M	摩托车用（摩托车启动和照明）	D	带液式（充电态带电解液）
KS	矿灯酸性（矿井下照明等）	J	激活式（用户使用时需激活方式激活）
JC	舰船用（潜艇等水下作业设备）	Q	气密式（盖子的注酸口装有排气栓）
B	航标灯（航道夜间航标照明）	H	湿荷式（极板在电解液中浸渍过）
TK	坦克（用于坦克启动及其用电设备）	B	半密闭式（电池槽半密封）
S	闪光灯（摄像机等用）	Y	液密式

铅酸蓄电池的不足：

(1) 比能量低，在电动汽车中所占的质量和体积较大，一次充电行驶里程短。

(2) 使用寿命短，使用成本高。

(3) 铅是重金属，存在污染（铅毒、酸雾、锑和砷、镉）。

(4) 充电时间长。

2. 锂离子电池

锂离子电池与其他蓄电池比较，具有电压高、质量能量密度高、充放电寿命长、无记忆效应、无污染、快速充电、自放电率低、工作温度范围宽、安全可靠和能够制造成任意形状等优点。相比于镍氢电池，新能源汽车采用锂离子电池，可使电池组的质量下降40%～50%，体积减小20%～30%，能源效率也有一定程度的提高。所以锂离子电池是当今各国能量存储技术研究的热点，成为新能源汽车动力电池的首选，其应用主要集中在大容量、长寿命和安全性三个方面。锂离子电池如图1-35所示。

图1-35 锂离子电池

1）锂离子电池的分类

(1) 按电解质材料分类：根据所用电解质材料的不同，锂离子电池可以分为聚合物锂离子电池和液态锂离子电池。

(2) 按正极材料分类：根据正极材料的不同，锂离子电池可以分为锰酸锂离子电池、磷酸铁锂离子电池、镍钴锂离子电池以及三元（镍钴锰）材料锂离子电池。目前应用广泛的是锰酸锂离子电池、磷酸铁锂离子电池和三元锂电池。

(3) 按外形分类：根据外形形状的不同，锂离子电池可以分为方形锂离子电池和圆柱形锂离子电池。

2）锂离子电池的特点

(1) 普通锂离子电池。

普通锂离子电池具有高能量密度、电量储备大、重量轻、循环寿命高、无记忆效应以及可快速充电的优点，主要表现为：

① 工作电压高。锂离子单体电池工作电压高达3.6～3.7 V，是镍氢和镍镉电池工作电压的3倍、铅酸蓄电池的2倍。

② 比能量高。锂离子电池比能量可达到150 W·h/kg，是镍镉电池的3倍、镍氢电池的1.5倍。

③ 循环寿命长。目前锂离子电池的循环寿命已达到 1000 次以上，在低放电深度下可达几万次，超过了其他几种二次电池。

④ 自放电率低。锂离子电池月放电率仅为 6% ～ 8%，远低于镍镉电池（25% ～ 30%）和镍氢电池（15% ～ 20%）。

⑤ 无记忆性。锂离子电池可以根据要求随时充电，不会降低电池性能。

⑥ 对环境无污染。锂离子电池不存在有害物质，是名副其实的"绿色电池"。

⑦ 能够制造任意形状。

（2）典型锂离子电池。

锂离子电池内部主要由正极、负极、电解质及隔膜组成。正、负极和电解质材料及工艺上的差异使电池具有不同的性能、不同的名称。下面主要介绍钴酸锂电池、锰酸锂电池、磷酸铁锂电池以及镍钴锰酸锂电池、三元锂电池的工作原理、特点以及放电特性。

① 钴酸锂电池。目前用量最大、使用最普遍的锂离子电池是钴酸锂电池，其结构稳定，比容量高，综合性能突出，但是其安全性差，成本非常高，主要用于中小型号电芯，标称电压为 3.7 V。其理论容量为 274 mA · h/g，实际容量为 140 mA · h/g 左右，也有报道实际容量已达 155 mA · h/g。

优点：工作电压较高（平均工作电压为 3.7 V），充放电电压平稳，适合大电流充放电，比能量高，循环性能好，电导率高，生产工艺简单，容易制备等。

缺点：价格昂贵，抗过充电性较差，循环性能有待进一步提高。

② 锰酸锂电池。合成性能好、结构稳定的正极材料锰酸锂是锂离子蓄电池电极材料的关键，锰酸锂是较有前景的锂离子正极材料之一，但其较差的循环性能及电化学稳定性却大大限制了其产业化，掺杂是提高其性能的一种有效方法。掺杂有强 M—O 键、较强八面体稳定性及离子半径与锰离子相近的金属离子，能显著改善其循环性能。

优点：安全性略好于镍钴锰酸锂三元材料；电压平台高，1C 放电中值电压为 3.8 V 左右，10C 放电中值电压在 3.5 V 左右；电池低温性能优越；对环境友好；成本低。

缺点：电池高温循环性能差；极片压实密度低于三元材料，只能达到 3.0 g/cm³ 左右；锰酸锂电池比容量低，一般只有 105 mA · h/g 左右；循环性能比三元材料差。

③ 镍钴锰酸锂电池。镍钴锰酸锂电池融合了钴酸锂电池和锰酸锂电池的优点，在小型低功率电池和大功率动力电池上都有应用，但钴是一种贵金属，价格波动大，对钴酸锂的价格影响较大。

优点：镍钴锰酸锂材料比容量高，电池循环性能好，10C 放电循环可以达到 500 次以上；高低温性能优越；极片压实密度高，可以达到 3.4 g/cm³ 以上。

缺点：电压平台低，1C 放电中值电压为 3.66 V 左右，10C 放电平台在 3.45 V 左右；电池安全性能相对差一点；成本较高。

④ 磷酸铁锂电池。磷酸铁锂电池是以磷酸铁锂作为正极材料的锂离子电池，是近年来新开发的锂离子电池电极材料，人们习惯称其为磷酸铁锂。磷酸铁锂作为正极活性物质使用，主要用于动力锂离子电池，凭借其良好的性能，在电动汽车上具有较好的发展前景，是目前最适合于新能源汽车产业化运用的锂离子电池。

比亚迪已正式推出搭载其自主研发的磷酸铁锂动力电池的比亚迪 F3DM 双模汽车。是目前国内最先掌握车用磷酸铁锂电池组规模化生产技术的企业，在世界上处于领先地位。

磷酸铁锂电池有以下特点：

· 效率输出。标准放电为2～5C，连续高电流放电可达10C，瞬间脉冲放电（10 s）可达20C。

· 高温时性能良好。外部温度65℃时，内部温度高达95℃；电池放电结束时，温度可达160℃。

· 电池的安全性好。即使电池内部受到伤害，电池也不燃烧、不爆炸，安全性好。

· 经500次循环，其放电容量仍大于95％。

· 过放电到0 V也无损坏，对环境无污染，可快速充电，成本低。

⑤ 三元锂电池。三元锂电池是锂电池的一种，是采用镍钴锰酸锂做正极材料的锂电池，它价格比钴酸锂便宜，耐压略高，标准工作电压在3.6～3.8 V之间，电池能量密度在140～160 Wh/kg。由于使用过程中涉及正极材料的分解，三元锂电池的分解温度在200℃，在使用三元锂电池的电动汽车中，如果动力电池的热管理系统处理得不好，就很容易发生车辆自燃现象。在零下20℃时，三元锂电池能释放70％，通常在北方冬天装有三元锂电池的电动汽车的续航里程将会下降，现在有些电动汽车已经装有动力电池温度控制系统，可以使动力电池保持在一个最合适的工作温度范围内。

三元锂电池的最大特点就是单位电能比较大，这是与磷酸铁锂电池相比的结果。但是三元锂电池的一个较大缺点是受到撞击和高温时起火点较低，所以对三元锂电池的保护要求很高，以防意外。三元锂电池在容量与安全性方面比较均衡，是一款综合性能优异的电池。

磷酸铁锂电池、钴酸锂电池、锰酸锂电池、镍钴锰酸锂电池以及三元锂电池的对比如表1-6所示。

表1-6　磷酸铁锂电池、钴酸锂电池、锰酸锂电池、镍钴锰酸锂电池、三元锂电池对比表

性能对比	磷酸铁锂电池	钴酸锂电池	锰酸锂电池	镍钴锰酸锂电池	三元锂电池
电压/V	3.2	3.7	3.7	3.5	3.6
理论容量/(mA·h/g)	170	274	148	170	185
循环寿命	1500次左右	800次左右	800次左右	1000次左右	1000次左右
耐高温性能	较好	不适合高温	一般	好	较好
耐低温性能	−20℃以下很差	较差	一般	−50℃以下很差	一般
自放电率/％	年自放电率	年自放电率	年自放电率	年自放电率	年自放电率
原料成本	低廉	很高	低廉	高	高
安全性能	好	差	好	较好	非常好
生产工艺	非常复杂	复杂	一般	一般	一般

3. 镍氢电池

镍氢电池具有高比能量、高功率、适合大电流放电、可循环充放电、无污染、耐过充过放、无记忆效应、使用温度范围宽、安全可靠等特点，被誉为"绿色电源"。

镍氢电池是20世纪90年代发展起来的一种新型电池。它的正极活性物质主要由镍制成，负极活性物质主要由贮氢合金制成，是一种碱性蓄电池。目前镍氢电池主要应用于混合电动汽车。大功率的镍氢电池也使用在纯电动汽车中，有的使用了特别的充放电程序，使电池充放电寿命足够车辆使用十年。镍氢电池如图 1-36 所示。

图 1-36　镍氢电池

优点：启动、加速性能好，一次充电后的行驶里程较长；不会对周围环境造成污染；易维护，快速补充充电时间短。

缺点：能量密度较低；如果在高温下储存，性能会下降；镍氢电池成本很高，比普通型更昂贵。

4. 汽车蓄电池的组成

汽车蓄电池主要包含以下几个基本组成部分：

（1）电极(Plate)：它是蓄电池的核心部分，它由活性物质和导电骨架组成。活性物质是指正极(Positive Plate)、负极(Negative Plate)中参加成流反应的物质，是化学电源产生电能的源泉，也是决定化学电源基本特性的重要部分。

（2）电解质(Electrolyte)：蓄电池的主要组成之一，在电池内部担负着传递正负极之间电荷的作用。

（3）隔膜(Spacer)：也叫隔离物，位于蓄电池的正负极之间，作用是防止正负极活性物质直接接触，造成电池内部短路。

（4）外壳(Container)：它是电池的容器，对于电池外壳要求有良好的机械强度、耐震动、耐冲击、耐高低温的变化及耐电解液的腐蚀。

5. 汽车蓄电池的充放电过程

蓄电池充电过程：在电池的正极、负极之间施加了一个正向电压，这个正向电压在电池的正极和负极间产生正向电场，带电离子受到电场作用力开始移动，其中正极中的锂离子通过聚合物隔膜向负极移动，锂离子脱出正极后，正极上就多出了电子，正极上的电子则受充电电源正极的吸引向充电电源的正极移动，充电电源负极的电子受电池负极吸引力向电源的负极移动。充电过程就是由外部电源强行将锂离子从正极拉到负极的过程。这样电源正极的锂离子在电池内部由正极流向负极，电源正极的电子由电池正极经电池外部流向电池负极，电子在导体的有序迁移就产生了电流。

蓄电池放电过程：蓄电池外部接上负载，由于锂离子和磷酸根离子有亲和力，磷酸根离子吸引负极中的锂离子通过聚合物隔膜向正极移动，移到正极的锂离子又吸引外接电源中的电子向电池正极移动，由于锂离子从电池负极向电池正极移动，负极就多了电子，多出的电子通过外部导体和负载向正极移动。放电过程与充电过程相反，是锂离子在电池内部从负极向正极流动，负极的电子经电池外部流向正极形成电流。整个充放电过程如图1-37所示。

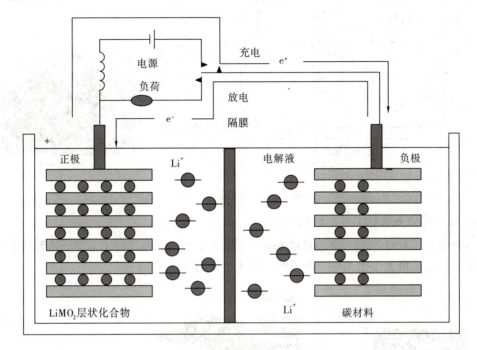

图1-37 动力电池的充放电过程示意图

1.3.5 电池管理系统（BMS）

1. 电池管理系统（BMS）概述

汽车蓄电池系统是用来给电动汽车的驱动提供能量的一种能量储存装置，由一个或多个电池包以及电池管理（控制）系统组成。作为电动汽车的动力来源或动力来源之一，动力蓄电池系统通常由电芯（Cell）、电池管理系统（BMS）、冷却系统（Cooling System）、线束（Harness）、外壳（Housing）、结构件（Structural Parts）等相关组件构成。

电池管理系统（BMS）是电池保护和管理的核心部件，在汽车蓄电池系统中，它的作用就相当于人的大脑。它不仅要保证电池安全可靠地使用，而且要充分发挥电池的能力和延长使用寿命，作为电池和整车控制器以及驾驶者沟通的桥梁，通过控制接触器控制动力电池组的充放电，并通过CAN线与VCU上报动力电池系统的基本参数及故障信息。

电池管理系统（BMS）的主要工作过程可简单归纳为：数据采集电路首先采集电池状态信息数据，再由电子控制单元（ECU）进行数据处理和分析，然后根据分析结果对系统内的相关功能模块发出控制指令，并向外界传递信息，如图1-38所示。

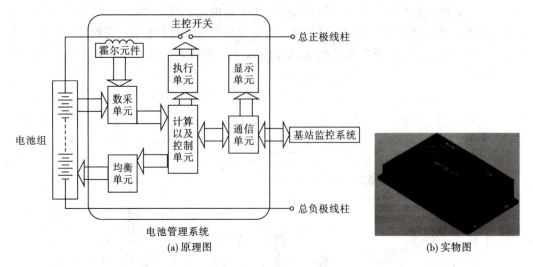

(a) 原理图　　　　　　　　　　　　(b) 实物图

图 1-38　电池管理系统

2. 电池管理系统(BMS)的组成

电池管理系统(BMS)一般包括电池管理子系统、电压平衡控制子系统、热管理子系统和安全防护子系统四个子系统。电池管理系统展开图如图 1-39 所示。

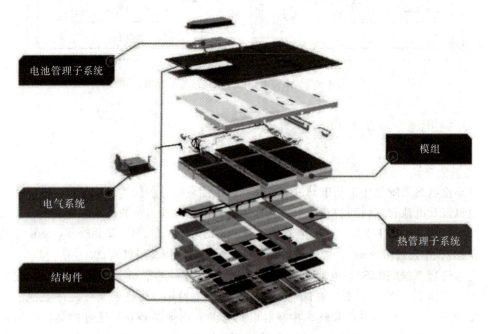

图 1-39　电池管理系统展开图

1) 电池管理子系统

电池管理子系统的主要功能是通过电压检测等功能实现对动力电池系统的保护、对电池状态的估计和在线故障诊断。其中电池状态估计又包括电池剩余电量(SOC)和电池老化程度(SOH)两个方面。SOC 是电池管理系统中最重要的一个指标,其工作原理是通过各类传感器采集电池的相关参数,包括电压、电流及温度等,然后由 ECU 对数据进行分析和处理，根据结果对 SOC 进行分析，并将结果传递到驾驶员仪表板上。

2）电压平衡控制子系统

电压平衡控制子系统主要是通过充电控制、自动均衡、继电器控制、SOC 估算、充放电管理、均衡控制、故障报警及处理，与其他控制器通信功能等实现电压平衡控制。

3）热管理子系统

热管理子系统是为了确保动力电池系统能在适宜的温度下工作，以保障动力电池系统的电性能和寿命，其主要功能包括：① 电池温度的准确测量和监控；② 电池组温度过高时的有效散热和通风；③ 低温条件下的子快速加热；④ 有害气体产生时的有效通风；⑤ 保证电池组温度场的均匀分布。

4）安全防护子系统

安全防护子系统作为整个 BMS 重要的组成，其功能主要包括过电流保护、过充过放保护、过温保护和绝缘监测。

（1）过电流保护。由于电池有一定的内阻，当工作电流过大时，电池内部会产生热量，从而造成电池温度升高、热稳定性下降。BMS 会通过判断采集的充放电电流值是否超过安全范围来采取相应的安全保护措施。

（2）过充过放保护。过充电会使电池正极晶格结构被破坏，从而导致电池容量减小，如果电压过高还会引发因正负极短路而造成的爆炸。过放电会导致放电电压低于电池放电截止电压，使电池负极上的金属集流体被溶解，电池被损坏，若继续给这种电池充电，则有内部短路或漏液的危险。BMS 会判断采集的单体电池电压值是否超过充放电的限制电压，如果电压值超过限制，BMS 就会断开充放电回路从而保护电池系统。

（3）过温保护。动力电池的稳定运行需要适宜的温度。过温保护结合了热管理子系统，BMS 在电池温度过高或过低时，禁止系统进行充放电。

（4）绝缘监测。动力电池系统的电压通常有几百伏，如果出现漏电，会对人员造成危险。BMS 会实时监测总正总负搭铁绝缘阻值，在该值低于安全范围时，上报故障，并断开高压电。

3. 电池管理系统（BMS）的功能

电池管理系统（BMS）的功能包括：

（1）电池参数检测。主要包括总电压、总电流、单体电池电压检测（防止出现过充、过放甚至反极现象）、温度检测（最好每串电池、关键电缆接头等均有温度传感器）、烟雾探测（监测电解液泄漏等）、绝缘检测（监测漏电）、碰撞检测等。

（2）电池状态估计。主要包括荷电状态（SOC）或放电深度（DOD）、健康状态（SOH）、功能状态（SOF）、能量状态（SOE）、故障及安全状态（SOS）等。

（3）在线故障诊断。故障检测是指通过采集到的传感器信号，采用诊断算法诊断故障类型，并进行早期预警，主要包括故障检测、故障类型判断、故障定位、故障信息输出等。

（4）电池安全控制与报警。主要包括热系统控制、高压电安全控制。BMS 诊断到故障后，通过网络通知整车控制器，并要求整车控制器进行有效处理（超过一定阈值时 BMS 也可以切断主回路电源），以防止高温、低温、过充、过放、过流、漏电等对电池和人身的损害。

（5）充电控制。BMS中具有一个充电管理模块，它能够根据电池的特性、温度高低以及充电机的功率等级，控制充电机给电池进行安全充电。

（6）电池均衡。电池组的容量小于组中最小单体的容量。电池均衡是根据单体电池信息，采用主动或被动、耗散或非耗散等均衡方式，尽可能使电池组容量接近于最小单体的容量。

（7）热管理。根据电池组内温度分布信息及充放电需求，决定主动加热/散热的强度，使得电池尽可能工作在最适合的温度，充分发挥电池的性能。

（8）网络通信。BMS需要与整车控制器等网络节点通信；同时，BMS在车辆上拆卸不方便，需要在不拆壳的情况下进行在线标定、监控、自动代码生成和在线程序下载（程序更新而不拆卸产品）等，一般的车载网络均采用CAN总线技术。

（9）信息存储。用于存储关键数据，如SOC、SOH、SOF、SOE、累积充放电Ah数、故障码和一致性等。车辆中的真实BMS可能只有上面提到的部分硬件和软件。每个电池单元至少应有一个电池电压传感器和一个温度传感器。

（10）电磁兼容。由于电动汽车的使用环境恶劣，要求BMS具有好的抗电磁干扰能力，同时要求BMS对外辐射小。

4. 电池管理系统的要求

QC/T897—2011《电动汽车用电池管理系统技术条件》中规定了电池管理系统的一般要求和技术要求。

1）电池管理系统的一般要求

（1）电池管理系统应能检测电池电和热相关的数据，至少应包括电池单体或者电池模块的电压、电池组回路电流和电池包内部温度等参数。

（2）电池管理系统应能对动力电池的荷电状态、最大充放电电流等状态参数进行实时估算。

（3）电池管理系统应能对电池系统进行故障诊断，并可以根据具体故障内容进行相应的故障处理，如故障码上报、实时警示和故障保护等。

（4）电池管理系统应有与车辆的其他控制器基于总线通信方式的信息交互功能。

（5）电池管理系统应用于具有可外接充电功能的电动汽车时，应能通过与车载充电机或者非车载充电机的实时通信或者其他信号交互方式实现对充电过程的控制和管理。

2）电池管理系统的技术要求

（1）绝缘电阻。电池管理系统与动力电池相连的带电部件和其壳体之间的绝缘电阻值应不小于2 MΩ。

（2）绝缘耐压性能。电池管理系统应能经受绝缘耐压性能试验，在试验过程中应无击穿或温度过高等破坏现象。

（3）状态参数测量精度。

（4）电池剩余电量（SOC）估算精度。SOC估算精度要求不大于10%。

（5）过电压运行。电池管理系统应能在规定的电源电压下正常工作，且能满足状态参数测量精度的要求。

（6）欠电压运行。电池管理系统应能在规定的电源下正常工作，且能满足状态参数测量精度的要求。

1.3.6　动力电池的故障检测

图1-40所示是北汽EV200动力电池故障排查流程图。

图1-40　北汽EV200动力电池故障排查流程

动力电池高压母线连接出现故障，此故障的报出系统BMS检测不到高低压互锁信号所致，所以排查步骤如下：

（1）用万用表测量线束端的12 V是否导通，若导通则进入下一步；

（2）检查MSD是否松动，重新插拔后若问题依然存在，则进入下一步；

（3）插拔高压线束，看是否存在接触不良问题，若问题依然存在，则需联系电池工程师专业人员进行检测维修。

根据统计，此故障除了软件的误报之外，MSD没插到位引起的故障占到70%，高压线束端问题占到20%，电池内部线束连接出现问题的概率很小。

故障说明：无论电池自身还是电池外电路的高压回路上存在绝缘故障，电池都会上报，直接导致高压断开，在排查时要先断开动力电池，然后用摇表依次测量各部件的绝缘值。

优先排查流程：高压盒→电机控制器→空调压缩机→PTC。

◇ 练习题

1. 简述动力蓄电池的组成。
2. 简述动力蓄电池的充放电过程。
3. 简述电池管理系统（BMS）的构成。
4. 电池管理系统（BMS）的功能是什么？

第2章 新能源汽车检修的高压安全防护

2.1 新能源汽车高压电的危害与防护

◇ **学习目标**

（1）熟悉新能源汽车的高压电特性及其危害性；

（2）熟悉电动汽车高压部件的名称、车上安装位置；

（3）掌握纯电动汽车维护的安装操作要求。

◇ **学习准备**

新能源汽车一体化汽车实训教室，配备如下实训设备、仪器仪表等。

（1）设备：纯电动吉利帝豪 EV450/北汽 EV200 汽车、举升机、交流充电桩等；

（2）工具量具设备：绝缘工具、绝缘手套、万用表、汽车专用万用表、汽车故障诊断仪等；

（3）辅助工具：二氧化碳灭火器、手电筒、抹布；

（4）其他材料：教材、课件、电动汽车使用手册等。

2.1.1 高压电对检修人员的危害

1. 电压等级划分

电压等级一般划分为以下五类：

（1）安全电压（通常 36 V 以下）：我国国家标准规定常用安全电压为 42 V、36 V、24 V、12 V、6 V 五种。

（2）低压（又分 220 V 和 380 V）：对地电压在 1000 V 以下。

（3）高压（10～220 kV）：1000 V 以上的电力输变电电压。

（4）超高压：330～750 kV。

（5）特高压：交流 1000 kV 以上，直流 800 kV 以上。

2. 新能源汽车的安全电压

安全电压是指不会使人直接致死或致残的电压。国家市场监督管理总局、国家标准化管理委员会 2020 年 5 月 12 日发布了《电动汽车安全要求 GB 18384—2020》，自 2021 年 1 月 1 日起施行。

根据最大工作电压，将电气元件或电路分为 A 级和 B 级，A 级为安全电压等级，B 级对人体会产生伤害，如表 2-1 所示。

表 2-1　安全电压等级

安全电压级别	最大工作电压	
	直　流	交　流
A	$0 < U \le 60$	$0 < U \le 30$
B	$60 < U \le 1500$	$30 < U \le 1000$

对于相互传导连接的 A 级电压电路和 B 级电压电路，若电路中直流带电部件的一极与电平台相连，且其他任一带电部分与这一极的最大电压值不大于 30 V（交流电有效值）且不大于 60 V（直流电），则该传导连接电路不完全属于 B 级电压电路，只有以 B 级电压运行的部分才被认定为 B 级电压电路。

3. 新能源汽车电压类型

纯电动汽车和混动汽车的高压系统均同时具有直流高压和交流高压两种电压类型。

大多数电动汽车为便于与市电电压相接，逆变器与驱动电动机之间的电压多为 300～350 V，比亚迪新能源汽车为 600 V。电动汽车有高压电，这是相对安全电压来说的。新能源汽车的充电电压为 220 V 交流电，因此，电动汽车在维修前要切断高压电源。

4. 高压电的危害

在电网中，一直认为 36 V 是一个人体安全电压。实际上在高电压的新能源汽车中，这个电压值并不是科学的。因人体的电阻值存在个体的差异性，人所处的工作环境也会导致人体的电阻值发生变化，在潮湿的夏天和干燥的冬天，人体表现的电阻值就不一样，环境越潮湿，人体的电阻值就会越小。需要注意的是每个人对电流流过身体的反应也不一样，有一部分人可能能够承受较大的电流。

1）电击伤

电流通过人体时将刺激机体组织，使肌肉非自主地发生痉挛性收缩而造成伤害，严重时会破坏人的心脏、肺部、神经系统的正常工作，形成危及生命的伤害。

电击对人体的效应是由通过的电流决定的，而电流对人体的伤害程度与通过人体电流的强度、种类、持续时间、途径及人体状况等多种因素有关。

2）电烧伤

电烧伤是最为常见的电伤，大部分触电事故都含有电烧伤成分。电烧伤可分为电流灼伤和电弧烧伤。

（1）电流灼伤。由于人体与带电体的接触面积一般都不大，且皮肤电阻值又比较高，因而产生在皮肤与带电体接触部位的热量就较多，所以会使皮肤受到比体内严重得多的灼伤。电流越大、通电时间越长、电流途径上的电阻越大，则电流灼伤越严重。电流灼伤一般发生在低压电气设备上。尽管电压较低，形成电流灼伤的电流不太大，但数百毫安的电流即可造成灼伤，数安的电流则会形成严重的灼伤。在高频电流下，因皮肤电容的旁路作用，有可能发生皮肤仅有轻度灼伤而内部组织却被严重灼伤的情况。

（2）电弧烧伤。电弧烧伤是由弧光放电造成的烧伤。电弧发生在带电体与人体之间，有电流通过人体的烧伤称为直接电弧烧伤；当电弧发生在人体附近时，弧光放电所产生的电流很大，能量也很大，电弧温度高达数千摄氏度，可造成大面积的深度烧伤，严重时能将机体组织烘干、烧焦。

电弧烧伤既可以发生在低压系统，也可以发生在高压系统。当在低压系统，带负荷（尤其是感性负荷）拉开裸露的闸刀开关时，产生的电弧会烧伤操作者的手部和面部；当线路发生短路，开启式熔断器熔断时，炽热的金属微粒飞溅出来会造成灼伤；因误操作引起短路也会导致电弧烧伤等。当在高压系统，进行误操作时，会产生强烈的电弧，造成严重的烧伤；当人体过分接近带电体，其间距小于放电距离时，可直接产生强烈的电弧，造成电弧烧伤，严重时会因电弧烧伤而死亡。

3）电化学伤害

化学物品包括爆炸品、压缩气体和液化气体、易燃液体、易燃固体、自燃物品和遇湿易燃物品、氧化剂和有机过氧化物、放射性物品、腐蚀品等，化学品对人的危害可从轻微的皮疹到一些急、慢性伤害甚至癌症，危害更严重的是一些引人瞩目的化学灾害性事故。化学品对人体的危害主要为引起中毒。有毒化学品引起的中毒可分为以下临床类型：刺激、过敏、缺氧、昏迷和麻醉、全身中毒、致癌、致畸、致突变、肺尘。

储存危险化学品必须遵照国家法律、法规和其他有关的规定。危险化学品必须储存在经公安部门批准设置的专门的危险化学品仓库中，经销部门自管仓库储存危险化学品及储存数量必须经公安部门批准，未经批准不得随意设置危险化学品储存仓库。危险化学品露天堆放，应符合防火、防爆的安全要求，爆炸物品、一级易燃物品、遇湿燃烧物品、剧毒物品不得露天堆放。

4）人体安全电压

通常，当人体接触到 25 V 以上的交流电或 60 V 以上的直流电时，就有可能发生触电事故。人体的触电并不是接触到了很高的电压，而是过高的电压通过人体这个电阻后，会在人体中形成电流，从而导致人体的伤害。伤害人体的不是电压，而是电流。几毫安的电流就会对人体造成伤害。不同电流值对人体的伤害反应如图 2-1 所示。

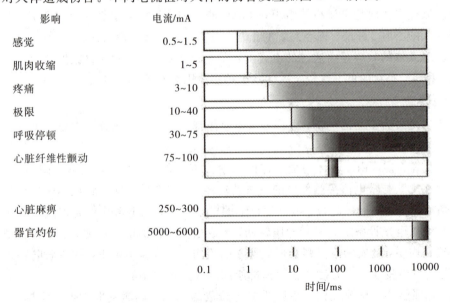

图 2-1　不同电流值对人体的伤害反应

目前国际上对安全电压通行的认识是直流 60 V 以下、交流 25 V 以下。

2.1.2 新能源汽车高压电标识及高压部件识别

1. 新能源汽车高压电标识

新能源汽车的电压从 200 V 到 600 V 不等，甚至高达 800 V。新能源汽车上与橙色线束连接的部件就是高压部件，主要有动力电池组、驱动电机、电机控制器、DC/DC 转换器、高压配电箱、电动空调、PTC 加热器、车载充电系统、非车载充电系统等。

从直流高压输出、变频器连接到电机的线路，都采用高压导线，绝缘性很高，均以橙色表示，在养护、维修时有风险，应注意安全防护，断电 10 min 后才能进行操作。

高压警示标识如图 2-2(a) 所示，以黄色及标志符号提示和警示维修人员；图 2-2(b) 所示为橙色高压线束，橙色波纹管用于隔离防护高压电，提示和警示维修人员；图 2-2(c) 所示为橙色高压连接器，以橙色提示和警示维修人员，同时所选的连接器应达到 IP67 的防护等级。

(a) 高压警告标志　　　　(b) 橙色高压线束　(c) 橙色高压连接器

图 2-2　高压警示标识

2. 新能源汽车高压部件识别

新能源汽车高压部件包括高压配电盒、DC/DC 变换器、车载充电器、电动空调、电动刹车、电动转换器等；电池、驱动电机、高压控制系统为三大核心部件。

1）电池

与传统的燃油车不同，新能源电动车的整车动力来源是动力电池，而不是发动机。动力电池的电压一般为 100~400 V 高压，其输出电流能够达到 300 A。动力电池的容量大小直接影响到整车的续航里程，同时也直接影响到充电时间与充电效率。目前锂离子动力电池是主流，受技术的影响，当前绝大部分汽车均采用锂离子动力电池。

2）驱动电机

驱动电机将电能转化为机械能，驱动汽车行驶。与传统燃油车的发动机将燃料燃烧的化学能转为机械能不同，其工作效率更高，利用率高达 85% 以上，能减少资源的浪费。

3）高压配电盒

高压配电盒是整车所有高压线束的保护装置，类似于低压电路系统中的电器保险盒。它通过高压线束（如图 2-3 所示）与车载充电机、空调压缩机、PTC 和 DC/DC 变换器相连接，具有 11 芯引脚，被称为 11 芯线束，又称高压线束总成，如图 2-4 所示。

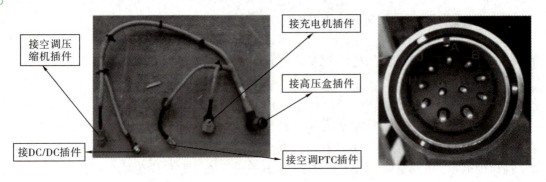

图2-3　高压线束　　　　　　　　　　　　图2-4　高压线束总成

4）车载充电器

车载充电器（On Board Charge，OBC）是一种将交流电转为直流电的装置，它将高压交流电转为高压直流电，从而给动力电池进行充电。

5）DC/DC

新能源汽车的DC/DC是一种将高压直流电转为低压直流电的装置。由于整车用电的来源是动力电池和蓄电池，而整车用电的额定电压是低压，因此需要采用DC/DC来将高压直流电转为低压直流电，这样才能够保持整车用电平衡。

6）高压控制系统

高压控制系统主要包括动力电池系统、动力总成、高压电控系统、充电系统、高压设备及其线束系统。高压控制系统各部件高压线束的连接如图2-5所示。

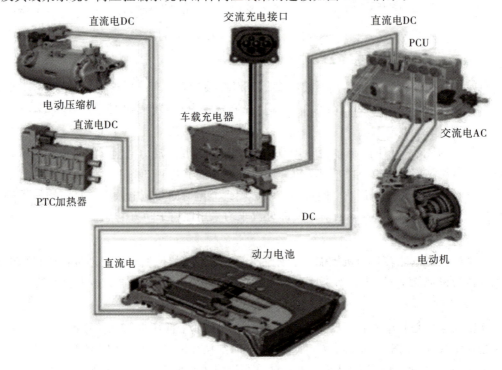

图2-5　高压控制系统各部件高压线束的连接

吉利帝豪 EV450 高压部件布置图如图 2-6 所示。

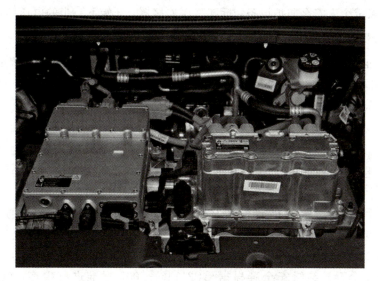

图 2-6　吉利帝豪 EV450 高压部件布置图

2.1.3　电动汽车维修时的安全防护

1. 新能源汽车维修规范

（1）车辆维修期间，必须同时有两名持有上岗证的维护人员进行工作，其中一人工作职责为监督维修全过程。

（2）在涉及高压电维修与维护的过程中，维护人员禁止佩戴手表、金属笔、项链、手链等金属物品，避免意外触电。

（3）未经过高压安全培训的维修人员，不允许对高压部件进行维修操作，严禁非专业人员对高压部件进行移除及安装。

（4）对于车辆维修过程中的高压配件必须标识明显的高压勿动警示。

（5）车辆在充电过程中不允许对高压部件进行拆装维修等工作。

（6）维修前必须进行高压电禁用操作。

（7）维修完毕后进行上电操作前确认车辆无维修人员操作。

（8）更换高压部件后测量搭铁是否良好。

（9）电缆接口必须按照规定力矩拧紧。

2. 高压禁用操作程序

拆解维修高电压系统前，必须首先执行高压禁用流程。高压禁用操作程序如下：

（1）移：移除车辆上所有外部电源，包括 12 V 蓄电池充电器。

（2）拔：拔出充电枪（仅针对插电式混合动力或电动车）。

（3）关：关闭点火开关，把钥匙放到安全区域。

（4）断：断开 12 V 蓄电池负极，并远离负极区域。

（5）取：取下 MSD（手动分离开关），放到安全区域。

（6）等：等待 5 min，以保证高压能量全部释放。

（7）查：佩戴个人安全防护设备，拆卸高压连接器，开始下一步的电压验证。

3. 维修人员的安全防护

在维护新能源汽车高电压系统时需要采取的安全防护措施包括：电磁辐射防护、高压触电防护、眼部安全防护、头部安全防护、足部安全防护、维修工具的使用，以及对工作环境的选择和正确的操作流程与注意事项。

1）做好个人安全防护

由于维修带有高压电车辆，因此维护人员必须做好防止被高压电及电磁力击伤的安全防护。防止触电的个人防护设备主要有绝缘手套、护目镜、绝缘鞋，以及非化纤材质的衣服等。

（1）绝缘手套。用于高压车辆维修的绝缘手套，能够承受 1000 V 以上的工作电压。

（2）护目镜。戴上合适的眼部防护的护目镜，以防止电池液的飞溅。高压电车辆维修用的护目镜应该具有侧面防护功能，防止维修过程中产生的电火花对眼睛的伤害。

（3）绝缘安全鞋。绝缘安全鞋根据 GB21146—2007 标准进行生产，电阻值范围为 100 kΩ～1000 MΩ，具有透气性能好、防静电、耐磨、防滑等优点。

（4）非化纤工作服。维修高电压系统时，必须穿非化纤类的工作服。

（5）电磁辐射。身体内有电子医疗设备（如心脏起搏器等）的人员，注意保持距离。

2）使用绝缘的维修工具

维护高电压类车辆时，必须使用带有绝缘功能的工具，这些工具包括常用的套筒、开口扳手、螺丝刀、钳子、电工刀等，也包括专用的仪表，如数字万用表。

使用绝缘工具可以有效防止意外触电事故的发生，我国的绝缘工具分为 3 个类型：

（1）Ⅰ类工具是指采用普通基本绝缘的电动工具。

（2）Ⅱ类工具是指采用双重绝缘或加强绝缘的电动工具，在防触电保护方面不仅依靠其基本绝缘，而且有将其正常情况下的带电部分与可触及的不带电的可导电部分作双重绝缘或加强绝缘隔离措施，相当于将操作者个人绝缘防护用品以可靠、有效的方式设计制作在工具上。

（3）Ⅲ类工具是指采用安全特低电压供电的电动工具，在防触电保护方面依靠安全隔离变压器供电。

2.1.4　电动汽车设计时的高压安全防护措施

电动汽车一般配备有 300 V 以上和电流可达 200 A 以上的电源系统。这与传统汽车只配有 12/24 V 的电源系统，其安全等级是完全不一样的。电动汽车的这种高电压和大电流的特点，可能危及高压零部件的使用安全性和人身安全。因此，对电动汽车采取一定的安全措施显得特别重要，具体措施如下。

1. 漏电保护器

漏电保护器主要用于设备发生漏电故障和有致命危险的人身触电保护，具有过载和短路保护功能。当出现漏电时，相关传感器会发出信号，而电池管理系统接收到信号后迅速发出指令，使动力电池组母线自动断电、高压释放，从而保护人员安全。

对于新能源汽车所使用的外部充电设备，为了防止其出现漏电情况，通常都配备有漏电保护器。漏电保护器在反应触电和漏电保护方面具有高灵敏性和动作快速性，这是其他保护电器（如熔断器、自动开关等）无法比拟的。电动汽车上采用了漏电保护器，一旦有正母线或负母线与车身相连，保护器就报警，这就避免了电动机壳体漏电成为高压正极，以保护车上的人不会因触摸负极而造成电击伤。这样也可避免空调系统高压、DC/DC 系统高压的泄漏。

2. 高压互锁

高压互锁的主要目的是保证系统的安全性，包括结构互锁和功能互锁。其中，结构互锁主要是指当 BMS 检测到系统中出现断路问题时，启动安全防护，立即断开高压电气回路并报警，逆变器密封在高压盒中，为防止电击伤，在逆变器盒盖上设计有高压互锁开关。只要逆变器盒体打开，开关动作，控制器收到信号断开系统的主继电器，从而确保人身安全。功能互锁则主要为了避免充电过程中发生意外启动或线束拖拽等安全事故。

高压互锁的粗实线表示 12 V 铅酸电池的动力线，细虚线表示高压互锁回路监控回路线。

3. 绝缘电阻测量

电动汽车电池、变频器、电动机、车载充电机、直流/直流转换器、电动空调压缩机和暖风 PTC 加热器等都会涉及高压电器绝缘问题。若绝缘材料迅速老化甚至绝缘破损，将危及人身安全，所以有必要在出现绝缘头问题时及时对高压电网进行下电操作，保护人员安全。较高的供电电压对整车的电气安全提出了更高的要求，尤其是对高压系统的绝缘性能提出了更为严格的要求。绝缘电阻是表征电动汽车电气安全好坏的重要参数，相关电动汽车安全标准均作了明确规定，目的是消除高压电对车辆和驾乘人员人身的潜在威胁，保证电动汽车电气系统的安全。

绝缘电阻是电气设备和电气线路最基本的绝缘指标。对于低压电气装置的交接试验，常温下电动机、配电设备和配电线路的绝缘电阻，不应低于 0.5 MΩ（对于运行中的设备和线路，绝缘电阻不应低于 1 MΩ/kV）。绝缘材料应当满足电动汽车及其系统的温度等级和最大工作电压，绝缘体应有足够的耐电压能力，不应发生绝缘击穿或电弧现象。常用的绝缘电阻测量仪表有万用表和兆欧表，如图 2-7 所示，兆欧表检测示意图如图 2-8 所示。

(a) 万用表

(b) 兆欧表

图 2-7　绝缘电阻测量仪表

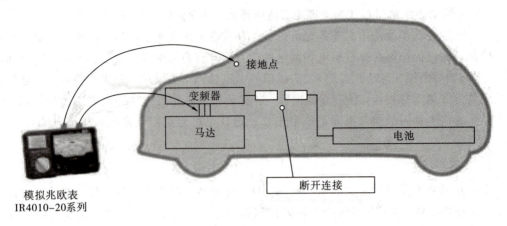

图 2-8   兆欧表检测示意图

1) 测试准备

电压检测工具的内阻不小于 10 MΩ，在测量时若绝缘监测功能对整车绝缘电阻的测试产生影响，则应将车辆的绝缘监测功能关闭或者将绝缘电阻监测单元从 B 级电压电路中断开，以免影响测量值。

2) 绝缘电阻大小确定

在电动汽车和混合动力车的维修中，可测量电力绝缘状况，防止触电发生。电动汽车的绝缘状况以直流正负母线对地的绝缘电阻来衡量。电动汽车的国家标准 GB 18384—2020 中规定：在最大工作电压下，直流电路绝缘电阻应不小于 100 Ω/V，交流电路应不小于 500 Ω/V，如果直流和交流的 B 级电压电路可连接在一起，则应满足绝缘电阻不小于 500 Ω/V 的要求。对于燃料电池电动汽车，若交流电路增加有附加防护，则组合电路至少满足 100 Ω/V 的要求。

为满足以上要求，依据电路的结构和组件的数量，每个组件应有更高的绝缘电阻。标准中推荐的牵引蓄电池绝缘电阻测量方法适用于静态测试，而不满足实时监测的要求。

绝缘电阻的检测方法如下：

(1) 断开电池和变频器的连接。

(2) 绝缘电阻表的"－"端连接汽车的搭铁点，"＋"端连接电动机各相的端口。

(3) 测试电压 500 V（根据电池电压不同而不同）下测量绝缘电阻。

3) 绝缘电阻动态监测

一般电动汽车的标称电压为 90～750 V，实际偏置电阻因电压不同而不同，运行过程中电池电压存在一定的波动范围，并且待测绝缘电阻也有一定的变化范围，因此，监测系统的电压测量电路必须保证在全范围内实现等精度的测量，而且正、负母线对地电压的测量必须同时完成。通过测量电动汽车直流母线与电动汽车底盘之间的电压，计算得到系统的绝缘电阻值。

4) 充电插座绝缘电阻测试

(1) 使车辆断电，保证车辆上所有电力、电子开关处于非激活状态；

(2) 将充电插座高压端子，即直流充电插座的正、负极端子或者交流充电插座相线端子，用电导线进行短接；

（3）将绝缘电阻测试设备的两个探针分别连接充电插座高压端子及电平台；

（4）测试设备的检测电压应设置为大于最高充电电压；

（5）读出充电口绝缘电阻值 R_i。

4. 其他防护

1）电气隔离

电气隔离主要是指使两个电路相互绝缘，不存在电器的直接联系，但同时还需要使两个电路保持能量传输。

2）自动断路保护

自动断路保护是指当遇到碰撞、过电流、绝缘不良、短路及高压电气回路不连续等特殊事件时，在无外界干预的情况下，自动切断高压电气回路，以保护电气系统及人员安全。通常，高压电气回路的切断是通过断路器等装置来实现的。有些车辆设置有碰撞监测及保护功能，该功能通常有两种方法，一是将信号发送到主控控制装置，二是直接触发高压电气系统断路器，均是在车辆发生碰撞时，碰撞传感器发出信号，最终均达到切断高压电源的目的，以保护人员及电气系统安全。

3）预充电保护

在新能源汽车高压系统电路中，设有预充电电阻及充电接触器等元器件。当充电开始时，为了避免过电流的冲击，首先对预充电模块相关元器件进行充电，而后再进入正常充电环节。

◇ 练习题

1. 我国如何规定新能源汽车的电压安全等级？
2. 新能源汽车高压电有哪些危害？
3. 在新能源汽车维护和使用中如何做好安全防护？
4. 简述高压禁用操作流程。

2.2　电动汽车高压操作设备的使用

◇ 学习目标

（1）掌握电动汽车维护保养常规设备的使用和维护方法；

（2）掌握电动汽车维护保养检测设备的使用和维护方法。

◇ 学习准备

新能源汽车一体化汽车实训教室，配备如下实训设备、仪器仪表等。

（1）设备：纯电动吉利帝豪 EV450/北汽 EV200 汽车、举升机、交流充电桩等；

（2）工具量具设备：绝缘工具、绝缘手套、万用表、汽车专用万用表、汽车故障诊断仪等；

（3）辅助工具：二氧化碳灭火器、手电筒、抹布；

（4）其他材料：教材、课件、电动汽车使用手册等。

2.2.1 电动汽车高压操作常规设备

1. 举升机

1）举升机的使用操作步骤

（1）使用前应清除举升机附近妨碍作业的器具及杂物，并检查操作手柄是否正常。

（2）接通举升机电源旋钮后，控制面板上的电源指示灯亮。检查操作机构是否灵敏有效，液压系统不允许有爬行现象。

（3）将举升机降到最低位置，推动摆动臂向两边伸展成一直线，为车辆入位做准备。

（4）将车辆行驶至合适位置，四个支角应在同一平面上，调整车辆以使得车辆重心尽可能靠近举升机的中心位置，然后停好车辆。

（5）慢慢转动摆动臂和托盘至车辆的合适位置，调节摆动臂长度，伸长到合适位置。车辆不可支得过高，支起后四个托架要锁紧。

（6）通过旋转托盘将其调到合适高度，使车辆保持水平，并准确对齐托盘凹槽与车身支撑点位置。对好四个支撑点，将举升机支撑块调整移动对正该车型规定的举升点，做好底盘定位。

（7）按下上升按钮，举升车辆直至轮胎离开地面，晃动车辆以确保车辆平稳。然后开动举升机，待支点与车辆接触后重新检查支点位置，确定无误后再将车辆举升离地300 mm高。

（8）举升车辆时，工作人员应离开车辆，举升到需要高度时，必须插入保险锁销，举升机下禁止站人。确保安全可靠才可开始车底作业。

（9）放下车辆前应先举升车辆，将安全保险锁销打开，再按下降按钮使车辆缓慢下降至举升臂放至最低为止，移开举升臂，驶出车辆。

2）注意事项

（1）发现操作机构不灵敏、电机不同步、托架不平或液压部分漏油，应及时报修，不得带病操作。

（2）举升器不得频繁起落。支车时举升要稳，降落要慢。有人作业时严禁升降举升机。

（3）作业完毕应清除杂物，打扫举升机周围以保持场地整洁。

升降平台如图2-9所示。

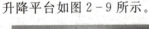

四柱式升降平台　　　　　固定式升降平台　　　　　走动式升降平台

图2-9　升降平台

2. 高压防护工具

高压防护工具如表2-2所示。

表 2 - 2　高压防护工具

防护工具	图　片	说　明
高压标识		高压电是指配电线路交流电压在 1000 V 以上或直流电压在 1500 V 以上的电接户线。高压电有其特殊危害性：一是高压电弧触电，二是跨步电压触电。因为电压很高，很容易让人触电死亡，所以必须注意安全
绝缘手套		由于生产工艺不良、贮存或使用不当，或受到光、热、辐射、机械力等物理因素和其他化学因素的综合作用，绝缘手套很容易产生发黏、变硬、发脆或龟裂等老化现象，因此必须注意绝缘手套的性能是否符合要求
绝缘鞋（靴）		绝缘鞋（靴）的作用是使人体与地面绝缘，防止电流通过人体与大地之间构成通路，对人体造成电击伤害，电气作业时不仅要戴绝缘手套，还要穿绝缘鞋。
电绝缘防护服		电绝缘防护服具耐高压消防作用，还可以防护热辐射以及化学污染物损伤皮肤或进入体内，所以新能源汽车维修要穿电绝缘防护服
护目镜		护目镜是利用改变透过光强和光谱，可以避免辐射光对眼睛造成伤害的一种眼镜
绝缘拆装工具		新能源维修常见的绝缘拆装工具有绝缘扳手、绝缘螺丝刀和绝缘套筒等
绝缘胶带		高压绝缘胶布和高压自粘带用在等级较高的电压上。因为高压自粘带的延展性好，在防水上更为出色，所以也可应用在低压的领域。高压绝缘胶布和高压自粘带的强度不如 PVC 电气阻燃胶带，通常这两种配合使用
绝缘工作台		绝缘工作台是安装调试过程中的一种安全工具，是由环氧树脂、填料固化剂在真空脱气状态下注入模具中经加热固化而成的绝缘件。该工具具有尺寸精准、机械电气性能均匀性好、无气隙及局放低的特点，用于高压罐式断路器中母线上的绝缘零部件

高压防护用具检查方法及周期如表 2-3 所示。

表 2-3　高压防护用具检查方法及周期

序号	防护用品名称	检查周期	试 验 方 法	试 验 周 期
1	绝缘工具套组	6 个月	工频耐压	6 个月
2	绝缘手套	使用前	交流耐压，直流耐压	6 个月
3	绝缘安全靴(鞋)	使用前	交流耐压，直流耐压	6 个月
4	电绝缘防护服	使用前	工频耐压，冲击电压	6 个月
5	绝缘地垫	1 个月	交流耐直流耐压	6 个月

2.2.2　电动汽车高压操作检测设备

1. 钳形电流表及其使用

钳形电流表简称钳形表，是电机运行和维修工作中最常用的测量仪表之一。其工作部分主要由一只电磁式电流表和穿心式电流互感器组成。穿心式电流互感器的铁芯制成活动开口，且成钳形，故名钳形电流表。它是一种不需断开电路就可直接测电路交流电流的携带式仪表，特别是有的钳形表可以测量交直流电压、电流、电容容量、二极管、三极管、电阻、温度、频率等，应用相当广泛，如图 2-10 和图 2-11 所示。

图 2-10　钳形电流表

图 2-11　非接触测量电流

1）结 构

钳形表的结构如图 2-12 所示。它实质上是由电流互感器、扳手和整流磁电式电流表所组成的。钳形表可以通过转换开关的拨挡，改换不同的量程，但拨挡时不允许带电进行操作。钳形表一般准确度不高，通常为 2.5～5 级。为了使用方便，表内还有不同量程的转换开关供测量不同等级电流及电压使用。

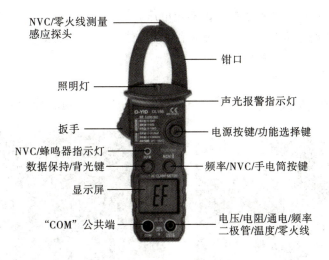

图 2-12 钳形表结构图

2）工作原理

钳型表的工作原理是根据电流互感器的原理制成的，专门用于测量交流电流。和变压器一样，初级线圈就是穿过钳型铁芯的导线，相当于 1 匝的变压器的一次线圈，这是一个升压变压器。二次线圈和测量用的电流表构成二次回路。当导线有交流电流通过时，就是这一匝线圈产生了交变磁场，在二次回路中产生了感应电流，感应电流的大小和一次电流的比例，相当于一次和二次线圈的匝数的反比。钳型表用于测量大电流，如果电流不够大，可以将一次导线在通过钳型表时增加圈数，同时将测得的电流数除以圈数。钳形表的穿心式电流互感器的副边绕组缠绕在铁芯上且与交流电流表相连，它的原边绕组即为穿过互感器中心的被测导线。

3）使用方法

测量电流时，按动扳手，打开钳口，将被测载流导线置于穿心式电流互感器的中间，当被测导线中有交变电流通过时，交流电流的磁通在互感器副边绕组中感应出电流，该电流通过磁电式电流表的线圈，使指针发生偏转，在表盘标度尺上指出被测电流值。

4）钳形电流表的规格

钳形表有模拟指针式和数字式两种。检测范围：交流、直流均在 20～200 A（或 400 A）左右，也可以检测到 2000 A 大电流；另外可检测数 mA 的微小电流，以及变压器电源、开关转换电源等正弦波以外的真有效值（True RMS）。

5）使用方法

（1）测量前要机械调零。

（2）选择合适的量程，先选大、后选小，或以铭牌值进行估算。

（3）当使用最小量程测量，其读数不明显时，可将被测导线绕几匝，匝数要以钳口中央的匝数为准，则读数＝指示值×量程/满偏×匝数。

（4）测量完毕，要将转换开关放在最大量程处。

（5）测量时，应使被测导线处在钳口的中央，并使钳口闭合紧密，以减少误差。

6）注意事项

（1）被测线路的电压要低于钳表的额定电压。

（2）测高压线路电流时，要戴绝缘手套，穿绝缘鞋，站在绝缘垫上。

（3）钳口要闭合紧密，不能带电换量程。

7）应用案例

使用数字钳形电流表测量启动电流和充电电流，如图 2-13、图 2-14 所示。

图 2-13　测量启动电流

图 2-14　测量充电电流

2. 万用表及其使用

常用的万用表主要有数字万用表和机械万用表，下面介绍数字万用表。

数字万用表是一种多用途电子测量仪器，一般包含电流表、电压表、欧姆表等功能，有时也称为多用表或三用表。

数字万用表是在电气测量中要用到的电子仪器，它有很多特殊功能，但主要功能就是对电压、电阻和电流进行测量，如图 2-15 所示。数字万用表作为现代化的多用途电子测量仪器，主要用于物理、电气、电子等测量领域。数字万用表是一种适用于

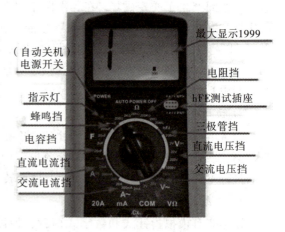

图 2-15　数字万用表的功能

基本故障诊断的便携式装置，也可以放置在工作台上，有的万用表分辨率可以达到七、八位。在汽车维修中除了使用普通万用表外，还经常使用汽车专用万用表，汽车专用万用表的功能更强大。

1) 数字万用表介绍

(1) 分辨率。分辨率用于判断一块仪表测量结果的好坏。了解一块仪表的分辨率,就可以知道是否可以看到被测量信号的微小变化。例如,如果数字万用表在 4 V 范围内的分辨率是 1 mV,那么在测量 1 V 的信号时,就可以看到 1 mV(1/1000 V)的微小变化。

用字来描述数字万用表的分辨率比用位描述好,3 位半数字万用表的分辨率已经提高到 3200 或 4000 字。如 3200 字的数字万用表为某些测量提供了更好的分辨率。例如,一个 1999 字的数字万用表,在测量大于 200 V 的电压时,不可能显示到 0.1 V;而 3200 字的数字万用表在测 320 V 的电压时,仍可显示到 0.1 V。当被测电压高于 320 V,而又要达到 0.1 V 的分辨率时,就要用 20000 字的数字万用表。数字万用表的功能如图 2-15 所示。

(2) 测量精度。精度是指在特定的使用环境下出现的最大允许误差。对于数字万用表来说,精度通常使用读数的百分数表示。例如,1% 的读数精度的含义是:数字万用表显示 100.0 V 时,实际的电压可能在 99.0~101.0 V 之间。精度可能会标为 ±(1%+2 个字)。如果 COM 的读数是 100.0 V,实际的电压则在 98.8~101.2 V 之间。

模拟表的精度是按全量程的误差来计算的,而不是按显示的读数来计算。模拟表的典型精度是全量程的 ±2% 或 ±3%。数字万用表的典型基本精度在读数的 ±(0.7%+1 个字)和 ±(0.1%+1 个字)之间,甚至更高。

(3) 测量电阻。在电阻挡测量电阻。关掉电路电源,选择电阻挡,将黑表笔插入 COM 插孔,红表笔插入电阻测试插孔,将表笔探头跨接到被测元件或电路的两端。电阻值变化很大,从几毫欧(mΩ)的接触电阻到几十亿欧姆的绝缘电阻。许多数字万用表测量电阻小至 0.1 Ω,某些测量值可高至 300 MΩ。对于极大的电阻,若万用表显示"OL",则表示被测电阻阻值过大,已超过了量程。测量开路时,也会显示"OL"。

必须在切断电源的情况下测量电路电阻,否则对表或电路板会有损坏。某些数字万用表提供了在电阻方式下误接入电压信号时进行保护的功能。不同型号的数字万用表具有不同的保护能力。

在进行低电阻的精确测量时,必须从测量值中减去测量导线的电阻值。典型的测试导线的阻值在 0.2~0.5 Ω 之间。如果测试导线的阻值大于 1 Ω,测试导线就应更换了。

(4) 测量通断。测量通断就是通过快速电阻测量来区分开路或短路。带有通断蜂鸣的数字万用表,其通断测量更加简单、快捷。当测量一个短路电路时,表发出蜂鸣,所以在测试时无须看表。不同型号的数字万用表有不同的触发电阻值。

(5) 二极管或晶结测试。二极管就像一个电子开关,如果电压高于一个特定的值时,二极管就会导通。通常硅二极管导通电压为 0.6 V,并且二极管只允许电流单向流动。

数字万用表有二极管测试功能,用于测量并显示二极管两端的实际压降。硅结点在正向测试时的压降应该是低于 0.7 V,在反向测试时电路开路。在测量晶体管电子电路时,以直流挡选 20 kΩ/V 的内阻比较合适。

(6) 测量电流。电流测量是将表串入电路,选择相应的交流(A~)、直流(A—)挡位,将黑表笔插入 COM 插口,将红表笔插入 10 安培(10 A)插孔或 300 毫安(300 mA)插孔。选择哪个插孔,主要是依据可能的测量值。直接电流测量法就是将数字多用表直接串连到被测电路上,使被测电路电流直接流过多用表内部电路。间接测量法不需要将电路打开并将万用表串连到被测电路上,需采用电流钳。注:测量直流时,如果测试探头接反,会有

"—"出现。

数字万用表可测试项目包括：耐电压测试、绝缘电阻测试、接地电阻测试、泄漏电流测试、低压启动测试、功率测试。

2）数字万用表的规格

（1）耐电压测试。

输出电压：0～5 kV AC，精度为±3％。

电流测量范围：0～40 mA AC，精度为±3％。

电流报警范围：0～40 mA 内任意值，精度为±3％。

电弧侦测范围：1～10 级。

电压缓升时间：1～99 s 连续可调。

测试时间：1～99 s 连续可调。

输出频率：50 Hz/60 Hz 二挡。

驱动方式：程控线性功放。

（2）绝缘电阻测试。

测试电压：500 V DC 和 1000 V DC 二挡，精度为±5％。

测量范围：0～200 MΩ 自动量程转挡，精度为±3％。

报警范围：0～200 MΩ 内任意值。

测试时间：1～99 s 连续可调。

（3）接地电阻测试。

测量电流：10～25 A AC 恒流，精度为±3％。

测量范围：0～200 mΩ（＞10 A），精度为±3％。0～500 mΩ（≤10 A），精度为±3％。

报警范围：0～500 mΩ 内任意值。

输出电压：≤6 V。

测试时间：1～99 s 连续可调。

输出频率：50/60 Hz 二挡。

驱动方式：程控线性功放。

（4）泄漏电流测试。

电流测量范围：0～20 mA 自动量程转换，精度为±3％。

电流报警范围：0～20 mA 内任意值。

电压测量范围：0～300 V，精度为±3％。

输出电压：0～250 V 连续可调。

测试时间：1～99 s 连续可调。

输出容量：1/2/3/5 kV·A 多种规格。

（5）低压启动测试。

测量电流范围：0～20 A，精度为±1％。

电流报警上下限：0～20 A 内任意值。

测量电压范围：0～300 V，精度为±1％。

输出电压：0～250 V。

连续可调测试时间：1～99 s 连续可调。

（6）功率测试。

功率测量范围：0～6000 W，精度为±1%。

功率报警上下限：0～6000 W 内任意值。

电压测量范围：0～300 V，精度为±1%。

输出电压：0～250 V。

连续可调测试时间：1～99 s。

连续可调输出容量：1/2/3/5 kV·A 多种规格。

3）数字万用表的功能测试

数字万用表的部分功能测试如图 2-16 所示。

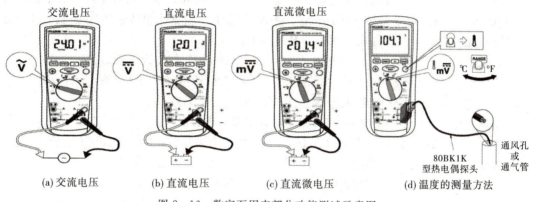

（a）交流电压　　（b）直流电压　　（c）直流微电压　　（d）温度的测量方法

图 2-16　数字万用表部分功能测试示意图

3. 汽车专用万用表

在汽车发动机电控系统故障的检测与诊断中，除经常需要检测电压、电阻和电流等参数外，还需要检测转速、闭合角、占空比（频宽比）、频率、压力、时间、电容、电感、温度、半导体元件等。这些参数对于发动机电控系统的故障检测与诊断具有重要意义。但是这些参数用普通数字万用表是无法检测的，需使用汽车专用万用表。

1）汽车专用万用表介绍

（1）测量交、直流电压。考虑到电压的允许变动范围及可能产生的过载，汽车专用万用表应能测量大于 40 V 的电压值，但测量范围也不能过大，否则读数的精度会下降。

（2）测量电阻。汽车专用万用表应能测量 1 MΩ 的电阻，测量范围大一些使用起来较方便。

（3）测量电流。汽车专用万用表应能测量大于 10 A 的电流，测量范围若小于 10 A 则使用不方便。

（4）记忆最大值和最小值。该功能用于检查某电路的瞬间故障。

（5）模拟条显示。该功能用于观测连续变化的数据。

（6）测量脉冲波形的频宽比和点火线圈一次侧电流的闭合角。该功能用于检测喷油器、急速稳定控制阀、EGR 电磁阀及点火系统等的工作状况。

（7）测量转速。

（8）输出脉冲信号。该功能用于检测无分电器点火系统的故障。

（9）测量传感器输出的电信号频率。

（10）测量二极管的性能。

（11）测量大电流。洗车专用万用表配置电流传感器（霍尔式电流传感夹）后可以测量大电流。

（12）测量温度。汽车专用万用表配置温度传感器后可以检测冷却水温度、尾气温度和进气温度等。

目前国内生产的汽车专用万用表，如"胜利-98"、笛威 TWAY9206、TWAY9406A 和 EDA-230 等型号的产品，都具有上述功能。有的汽车专用万用表，除了具有上述基本功能外，还配用真空/压力转换器，可以测量压力和真空度，有的还具有背光显示功能。

2）汽车专用万用表的规格

汽车专用万用表主要由数字及模拟量显示屏、功能按钮、测试项目选择开关、温度测量座孔、公用座孔（用于测量电压、电阻、频率、闭合角、频宽比和转速等）、搭铁座孔、电流测量座孔等组成。汽车专用万用表的量程如下：

直流电压：400 mV～400 V（精度为±0.5%），1000 V（精度为±1%）；

交流电压：400 mV～400 V（精度为±1.2%），750 V（精度为±1.5%）；

直流电流：400 mA（精度为±1%），20 A（精度为±2%）；

交流电流：400 mA（精度为±1%），20 A（精度为±2.5%）；

电阻：400 Ω（精度为±1%），4 kΩ～4 MΩ（精度为±1%），400 MΩ（精度为±2%）；

频率：4 kHz～4 kHz（精度为±0.05%），最小输入 10 Hz；

测度检测：18～300℃（精度为±3℃），301～1100℃（精度为±3%）；

转速：150～3999 r/min（精度为±0.3%），4000～10 000 r/min（精度为±0.6%）；

闭合角：精度为±0.50；

频宽比：精度为±0.2%。

4. 汽车故障诊断仪及其使用方法

汽车故障诊断仪（又称汽车解码器）是用于检测汽车故障的便携式智能汽车故障自检仪，具备读取故障码、清除故障码、完整显示车况、改善驾驶习惯、降低油耗、故障报警、超速报警、读取发动机动态数据流、显示波形、测试元件动作、匹配、设定和编码等功能；此外，还具有英汉辞典、计算器及其他辅助功能。用户可以利用汽车故障诊断仪迅速地读取汽车电控系统中的故障，并通过液晶显示屏显示故障信息，迅速查明发生故障的部位及原因。不同类型的汽车故障诊断仪的使用方法略有不同，如图 2-17、图 2-18 所示。

图 2-17　汽车故障诊断仪自检终端

图 2-18　汽车故障诊断仪

下面介绍汽车故障诊断仪的一些基本操作：

（1）确定要诊断的车系，进一步选择对应的汽车故障诊断仪插头。不同车系对应不同的插头，市面上多为 OBD2 和带有 CAN 的 OBD2 插头。将插头插到车辆对应的诊断接口处（大部分是在方向盘下面左右两侧）。

（2）打开点火开关到 ON 挡，再打开诊断仪，选择相应的车型进行汽车诊断，选择相应的发动机型号。

（3）选择发动机系统，读取故障码，可以发现该车目前存在的一些故障信息，如检查不出故障码，则选择读取数据流，根据数据的变化再进行维修。

（4）诊断维修后清除故障码，启动发动机再进行读取故障码，看是否被清除了。

注意：先接上接头，再打开点火开关至 ON 挡，最后打开汽车故障诊断仪。

上面是基本的使用方法，不同的汽车故障诊断仪其使用方法会有所差别，具体操作可以根据汽车故障诊断仪的说明书来使用。汽车故障诊断仪在维修中是非常重要的工具。

北汽 EV200 汽车故障诊断仪的详细使用说明见其维修手册第 100 页。

5. 电气测试仪器安全标准

电气测试仪器面板上通常都标有安全标准，例如一个 CAT Ⅲ 600 V 的万用表，表示可以在 CAT Ⅰ、Ⅱ 和 Ⅲ 区域安全使用，在这三个区域里如果表受到最高 600 V 的电压冲击，表不会对人体安全产生威胁；但是当这款表在 CAT Ⅳ 区域使用，或者受到 700 V 的高压冲击时，就不能保证同样的安全了。CAT 是 category 的缩写。数字万用表安全等级测试如图 2-19 所示。

IEC（国际电工委员会）是制定电子电工仪器仪表国际安全标准的最具权威性的国际电工标准化机构之一。一般把电气工作人员工作的区域（或电子电气测量仪器的使用场所）分为四个类别，分别为 CAT Ⅰ、CAT Ⅱ、CAT Ⅲ 和 CAT Ⅳ，CAT 等级表明了它们各自所归属的最高的"安全区域"，CAT 后面的电压数值则表示了它们能够受到电压冲击的上限。CAT 等级是向下单向兼容的，也就是说，一块 CAT Ⅳ 的万用表在 CAT Ⅰ、CAT Ⅱ 和 CAT Ⅲ 下使用是完全安全的，但是一块 CAT Ⅰ 的万用表在 CAT Ⅱ、CAT Ⅲ、CAT Ⅳ 的环境下使用就不保证安全了，表可能发生爆炸、燃烧，威胁到工作人员的安全。

CAT 等级又称为测量类别、测量种类、过电压种类、过压等级或设备类型等，是种类、类别、范围、等级之意，而罗马数字 Ⅰ、Ⅱ、Ⅲ 或 Ⅳ 是级别数。CAT 等级意味着对客户的人身安全承诺，它不仅仅是耐高压等级，还严格规定了电气工作人员在不同级别的电气环境中可能遇到的电气设备的类型以及在这样的区域中工作所使用的测量工具必须要遵循的安全标准。CAT 安全等级与区域测试如图 2-20 所示。

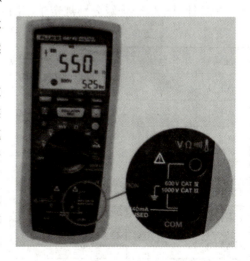

图 2-19　数字万用表安全等级

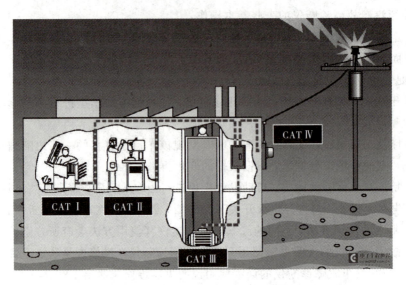

图 2-20　CAT 安全等级与区域测试

为了保护用户免受意外电击而导致死亡，根据国际电工委员会（IEC）的规定，万用表制造商的所有产品都必须遵循安全测试准则，以确保每台设备均达到或超过要求的等级。

按待测量的负载类型，可分为四个等级，如表 2-4 所示。

表 2-4　负载类型等级

等级	负载类型	应用
CAT Ⅰ	电子设备	从小型电路板到大型高压低能耗设备
CAT Ⅱ	单相交流负载	电器或便携式工具
CAT Ⅲ	三相配电	大型建筑照明系统和多相电机
CAT Ⅳ	连接市电的三相设备或室外供电线路	电表、室外输电线路、所有低压高能耗设备

IEC 针对这四个等级分别规定了不同的瞬态测试准则，如表 2-5 所示。

表 2-5　不同的瞬态测试准则

测量类别	工作电压/V	瞬态电压/V	测试阻抗/Ω	测量类别	工作电压/V	瞬态电压/V	测试阻抗/Ω
CAT Ⅰ	150	800	30	CAT Ⅲ	150	2500	2
CAT Ⅰ	300	1500	30	CAT Ⅲ	300	4000	2
CAT Ⅰ	600	2500	30	CAT Ⅲ	600	6000	2
CAT Ⅰ	1000	4000	30	CAT Ⅲ	1000	8000	2
CAT Ⅱ	150	1500	12	CAT Ⅳ	150	4000	2
CAT Ⅱ	300	2500	12	CAT Ⅳ	300	6000	2
CAT Ⅱ	600	4000	12	CAT Ⅳ	600	8000	2
CAT Ⅱ	1000	6000	12	CAT Ⅳ	1000	12 000	2

分别计算工作电压和瞬态电压对应的电流，扩展后的结果如表 2-6 所示。由此可知，即便两个 CAT 等级的工作电压相同，也不代表二者完全等同。

表 2-6　工作电压和瞬态电压对应的电流大小

测量类别	工作电压/V	瞬态电压/V	测试阻抗/Ω	工作电流/A	瞬态电流/A
CAT Ⅰ	150	800	30	5	26.6
CAT Ⅰ	300	1500	30	10	50
CAT Ⅰ	600	2500	30	20	83.3
CAT Ⅰ	1000	4000	30	33.3	133.3
CAT Ⅱ	150	1500	12	12.5	125
CAT Ⅱ	300	2500	12	25	208.3
CAT Ⅱ	600	4000	12	50	333.3
CAT Ⅱ	1000	6000	12	83.3	500
CAT Ⅲ	150	2500	2	75	1250
CAT Ⅲ	300	4000	2	150	2000
CAT Ⅲ	600	6000	2	300	3000
CAT Ⅲ	1000	8000	2	500	4000
CAT Ⅳ	150	4000	2	75	2000
CAT Ⅳ	300	6000	2	150	3000
CAT Ⅳ	600	8000	2	300	4000
CAT Ⅳ	1000	12 000	2	500	6000

以 CAT Ⅲ 600 V 与 CAT Ⅱ 1000 V 为例，由表 2-6 可知，额定工作电压较高并不表示更安全。除非在万用表外壳上或其规格书中找到对应的 CAT 等级，否则就无法确定其等级。

◇ 练习题

1. 简述汽车故障诊断仪的功能及应用。
2. 普通万用表有哪些功能？
3. 汽车专用万用表与普通万用表有什么区别？

第3章　充电桩工作原理与检修

3.1　充电桩的结构与工作原理

◇ 学习目标

（1）了解充电桩的分类；

（2）掌握充电桩的作用、组成和工作原理；

（3）掌握充电桩的组装方法。

◇ 学习准备

新能源汽车一体化汽车实训教室，配备如下实训设备、仪器仪表等。

（1）设备：纯电动吉利帝豪 EV450/北汽 EV200 汽车、举升机、交流充电桩等。

（2）工具量具设备：绝缘工具、绝缘手套、万用表、汽车专用万用表、充电枪、汽车故障诊断仪等。

（3）附件：排线、门禁开关模块、急停开关模块、灯板线、PE 线、跨接线、辅助继电器线及插头、低压电源通信线、电表通信线、主控板插头、断路器、浪涌防护器、智能电表、交流接触器、主控模块、辅助继电器模块、限位卡、LED 板、LED 显示屏、读卡器等。

（4）辅助工具：二氧化碳灭火器、手电筒、抹布。

（5）其他材料：教材、课件、电动汽车使用手册等。

3.1.1　充电系统基本知识

1. 概述

纯电动汽车充电系统包括车载充电机、充电接口、DC/DC 变换器及相关线束。车载充电机的主要功能是将交流 220 V 市电转换为高压直流电给动力蓄电池进行充电，为满足汽车用电设备用电及向蓄电池充电的要求，充电系统设有电压调节器，通过调节发电机的励磁电流，保持发电机在转速和负荷变化时输出电压稳定。充电接口是连接电缆和电动汽车的充电部件，它由充电插座和充电插头组成，充电插头在充电过程中与充电插座耦合，实现电能的传输。DC/DC 变换器相当于传统汽车的发电机，功能是将动力蓄电池高压电转换为 12 V 低压电，供整车低压系统用电。相关的线束有：高压线束、充电线束、充电线、前机舱线束。

2. 充电设备的分类

充电系统是给新能源汽车运行提供补给能量的系统，其作为重要的支撑系统，也是实现新能源汽车商业化、产业化必不可少的环节。新能源汽车充电设备主要指充电站及其附属配套设施，如充电机、充电站监控系统、充电桩、配电室以及安全防护设施等。

充电机是一种通过传导方式将电网交流电转换为直流电，给新能源汽车动力蓄电池充电，提供直流充电接口与人机操作界面，并具有专业测控与保护功能的专用装置。充电机按安装位置可分为非车载充电机（桩）和车载充电机。车载充电机安装在新能源汽车里面，通过与外面的充电桩连接，再通过电源变换器将直流电提供给动力蓄电池充电；非车载充电机是指固定安放在新能源汽车本体外，采用传导方式实现新能源汽车的动力蓄电池与电网交流之间的能量双向转换。一般情况下，充电机应至少能够给磷酸铁锂离子蓄电池、镍氢蓄电池、铅酸蓄电池三种类型的动力蓄电池充电。

按照电流的种类不同，充电桩可分为交流充电桩和直流充电桩。与交流电网相连并固定安装在新能源汽车外的供电装置称为直流充电桩，它具有充电机功能，对被充电的动力蓄电池状态进行实时监视与控制，并对充电电量实施计量；交流充电桩指固定在地面、柱上或墙上，运用传导方式给装有车载充电机的新能源汽车充交流电能，提供人机操作界面及交流充电接口，并具备相应测控保护功能的专用装置。

3. 充电方法的分类

新能源汽车的充电方法可分为常规充电、快速充电、更换动力蓄电池充电、传导式充电、无线充电等。

1）常规充电

该充电方法根据选用动力蓄电池的充电曲线，应用传统的先恒流后恒压的充电顺序给动力蓄电池充电，以便在整个充电过程中充电特征与动力蓄电池的固有特性更接近，从而有效地防止动力蓄电池过充电或欠充电。这种方法用较低的充电电流对动力蓄电池充电，相关技术成熟可靠，因此相关充电机的安装成本和使用成本比较低，常被用于小型充电站与家用充电设施场合。这种充电方法对电网无特殊要求，对动力蓄电池和新能源汽车来说，是最安全可靠的充电方法。这种充电称为常规充电（普通充电），一般充电时间为5～8 h，甚至长达10～20 h。交流慢充电逻辑连接如图3-1所示。

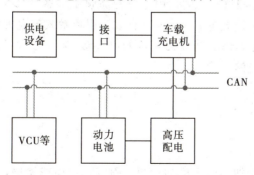

图 3-1　交流慢充电逻辑连接

2）快速充电

使动力蓄电池在很短时间内接近或达到充满状态的充电方法称为快速充电。该充电方法在短时间内能够以大充电电流为动力蓄电池充电，其典型的充电时间为 20 min～2 h。快速充电不仅会降低动力蓄电池的使用寿命，而且对电网有较大的冲击。快速充电需要建设专用的、可靠性高的电网，大多在 10 kV 变电站附近进行，一般充电电流为 150～400

A。快速充电方法只适用于大型充电站。快速充电逻辑连接如图 3-2 所示。

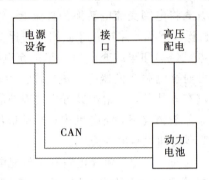

图 3-2　快速充电逻辑连接

3）更换动力蓄电池充电

通过更换动力蓄电池来为新能源汽车供给能源的方法称为更换动力蓄电池充电。蓄电池组快速更换的时间与燃油汽车加油时间相近，需要 5～10 min，快换可以在充电站、换电站完成。由于蓄电池组重量较大，更换蓄电池的专业化要求较强，需配备专业人员借助专业机械来快速完成蓄电池组的更换。换电站的主要设备是蓄电池拆卸、安装设备。

4）传导式充电

传导式充电又称接触充电，通常采用传统的接触器控制，即使用者把充电电源接头（插头）连接到汽车上（插座），利用金属接触来导电。接触充电方式的最大优点是：技术成熟、工艺简单和成本低廉。接触充电方式的缺点是：导体裸露在外面不安全，而且会因多次插拔操作，引起机械磨损，导致接触松动，不能有效传输电能。因此必须在电路上采用一定的措施使充电设备能够在各种环境下安全充电。

5）无线充电

无线充电即非接触式充电，是不需要接触即可实现充电的方法。其具体应用是电磁感应方式充电，即充电电源和汽车之间采用分离的高频变压器组合而成，通过感应耦合，无接触式传输能量。采用无线充电方式，可以有效克服接触式充电的缺点，感应充电的最大优点是安全，即充电器与车辆之间并无直接的电接触，在恶劣的气候条件下，如雨雪天，车辆充电避免了发生触电的危险。

3.1.2　充电桩知识

1. 充电桩概述

目前的充电桩类似于加油站里的加油机，固定在地面或墙壁，安装于公共建筑（公共楼宇、商场、公共停车场等）和居民小区停车场或充电站，可以根据不同的电压等级为各种品牌的新能源汽车充电。充电桩的输入端与交流电网、通信设备、网络直接连接，输出端装有充电插头用于和新能源汽车连接，如图 3-3 所示。充电桩一般提供常规充电和快速充电两种充电方式，人们可以使用特定的充电卡在充电桩提供的人机交互操作界面上刷卡使用，进行相应的充电方式、充电时间、费用数据打印等操作，充电桩显示屏能显示充电量、费用、充电时间等数据。

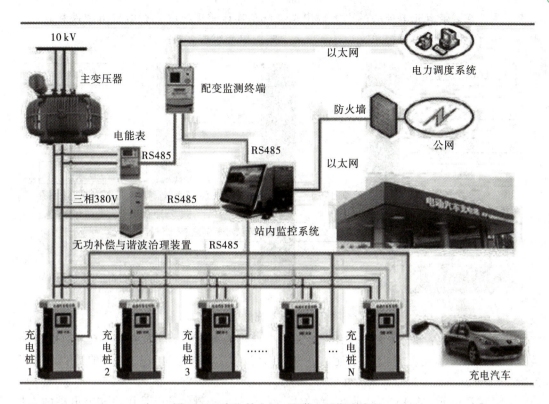

图3-3　充电桩电网、通信、网络连接图

　　充电桩能实现计时、计电度、计金额充电，也可以作为市民购电终端。同时，为提高公共充电桩的效率和实用性，将陆续增加一桩多充和为电动自行车充电的功能。充电桩充电状态显示如图3-4所示。

图3-4　充电桩充电状态显示

2. 新能源汽车充电桩的定义及构成

　　新能源汽车充电桩是为新能源电动汽车提供充电服务的设备装置，安装于公共楼宇、停车场、商场、运营车充电站等公共场所及居民小区等私人场所。充电桩的电力输入端与交流电网连接，带有充电插头的电力输出端与汽车连接实现充电。充电桩由硬件和软件构成。其中，硬件主要由总控单元、显示单元、监控单元组成，如图 3-5 所示。

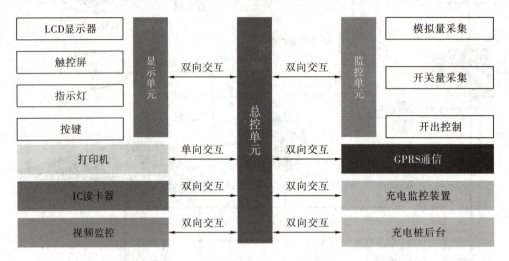

图 3-5　新能源汽车充电桩硬件构成

（1）总控单元：硬件系统的关键组成部分，与其他硬件单元双向或单向交互，是启动、运行、监控和关闭充电桩向汽车充电的决策核心，可将充电过程中采集的数据传输至后台。

（2）显示单元：由 LCD 显示器、触控屏、指示灯、按键构成，是用户与充电桩的直接交互对象。显示单元的主要作用为向用户提供充电费用信息和了解用户充电需求。

（3）监控单元：包括模拟量、开关量采集和开出控制。模拟量采集单元可获得用户在与显示单元交互过程中输入的数据。开关量采集可根据用户输入数据提供与用户充电需求匹配的充电量。在用户完成充电后，开出控制将指引用户结束充电行为。监控单元的主要作用为监测充电桩输入及输出电压电流、充电接口连接状态和车载电池状态，从而发现充电、车载电池异常状态，保护汽车和充电桩安全。

充电桩具体硬件设施包括充电枪、充电柜、配线柜等外部硬件和逆变器、变压器、整流器、滤波器、继电器等内部硬件。硬件设施通常采用耐候、耐温、阻燃性能好、绝缘性能优秀、抗电痕指数高的材料，如 ABS、PET、尼龙等塑料，如图 3-6 所示。

图 3-6　新能源汽车充电桩硬件设施

充电桩软件系统由多个模块构成，主要分为主控模块、IC 识别模块、人机交互模块、计费模块和充电模块，各模块在单独运作的同时进行信息交互，共同实现对汽车的充电和对用户的计费功能，如图 3-7 所示。

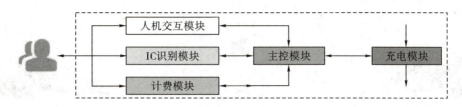

图 3-7　新能源汽车充电桩软件系统构成

3. 充电桩的分类

（1）按安装方式，可分为落地式充电桩、壁挂式充电桩。落地式充电桩适合安装在不靠近墙体的停车位，适用于户外停车位或小区停车位，如图 3-8 所示。壁挂式充电桩必须依靠墙体固定，安装在靠近墙体的室内和地下停车位，如图 3-9 所示。

图 3-8　落地式充电桩 　　　　　　　图 3-9　壁挂式充电桩

（2）按服务对象，主要分为公共充电桩、专用充电桩和自用充电桩。公共充电桩是建设在公共停车场（库）结合停车泊位，为社会车辆提供公共充电服务的充电桩，例如公共停车场。专用充电桩多为企业建造，服务对象为客户和内部人员，如商场停车场的充电桩。自用充电桩是建设在个人自有车位（库），为私人用户提供充电的充电桩，不对外开放。

（3）按安装地点，主要分为室内充电桩和室外充电桩。室内充电桩的防护等级需要起码达到 IP32 以上；而室外充电桩需要面临风雨交加的恶劣环境，需要更好的绝缘性和避雷条件，其防护等级不应低于 IP54 方可保障人身安全、车身安全和充电设备安全。

（4）按充电接口数，主要分为一桩一充充电桩和一桩多充充电桩。目前市场上充电桩以一桩一充式为主；在公交停车场等大型停车场中，需要多充式充电桩，同步支持多台电动车充电，不但加快充电效率，也节省了人工。一桩一充充电桩如图 3-10 所示，一桩多充充电桩如图 3-11 所示。

图 3-10　一桩一充充电桩图

图3-11　一桩多充充电桩图

　　（5）按充电类型，主要分为直流充电桩、交流充电桩和交直流一体充电桩。交流充电桩一般是小电流，桩体较小，安装灵活，充满电一般需6～8 h，适用于小型乘用电动车，多应用于公共停车场、大型购物中心和社区车库中，家用充电桩也多采用交流充电桩。直流充电桩一般是大电流，短时间内充电量更大，桩体较大，占用面积大（散热），适用于电动大巴、中巴、混合动力公交车、电动轿车、出租车、工程车等快速直流充电。交直流一体充电桩，集直流输出与交流输出于一体，充电桩通过主控制系统的智能调度，实现充电方式的多样化，应用范围更广泛。

3.1.3　交流充电桩

　　交流充电桩是固定安装在电动汽车外，与电网连接，为电动汽车车载充电机提供交流电源的供电装置。按照安装方式的不同，交流充电桩可分为壁挂式和落地式两种。壁挂式交流充电桩适合在空间拥挤、周边有墙壁等固定建筑物外实行壁挂安装；落地式交流充电桩适合在地下停车场或车库等各种停车场和路边停车位进行地面安装。

　　按提供的充电接口数量不同，交流充电桩可分为一桩一充式和一桩多充式两种。一桩一充式交流充电桩提供一个充电接口，适用于停车密度不高的停车场和路边停车位；一桩多充式交流充电桩提供多个充电接口，可同时为多辆电动汽车充电，适用于停车密度较高的停车场所。

1. 交流充电桩的组成

1）交流充电桩的组成及作用

　　交流充电桩采用市电220 V电压，具有必要的保护系统和通信系统，由电力输出接口传输给电动汽车自带充电机，转换成直流电后对电池进行充电。交流充电桩没有充电模块，主要完成控制、计量、安全防护、与汽车连接等功能，直接向汽车输入交流电，由汽车的车载充电机完成电流的转换。充电桩的控制以主控板为中心，分别与交流电表、其他辅助模块及车载充电机通信，进行信息交互，通过继电器执行开关动作和回检，通过传感器完成充电状态的实时测量。交流充电桩电气系统原理框图如图3-12所示。

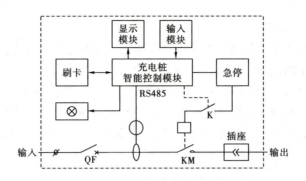

图 3-12　交流充电桩电气系统原理框图

交流充电桩由充电桩桩体、漏电保护开关、交流接触器、电源板、控制板组件、LED灯板、急停开关、LCD 显示屏、计量电表、刷卡模块、以太网模块或 4G、5G 模块（选配）等组成。交流充电桩只提供电力输出，没有变压整流功能，需连接车载充电机为电动汽车充电，相当于只是起了一个控制电源的作用。

2）电动汽车充电设施的组成

电动汽车充电设施包括充电电池、充电电缆、充电接口以及充电站中与电动汽车充电相关的设施等。关于电动汽车充电接口、充电电缆、充电电池、电动汽车充电站等，国家已经颁布了相应的标准。

3）交流充电桩的内部结构

交流充电桩的内部结构由断路器、漏电保护器、防雷器、继电器、电压检测、急停检测、继电器控制、备用继电器控制、电流检测、CP 检测、CC 检测、调试接口、显示通信接口、刷卡通信接口、智能电表接口、GPRS 接口、按钮检测、AC/DC、微控制器、LED 指示灯控制等组成，如图 3-13 所示。

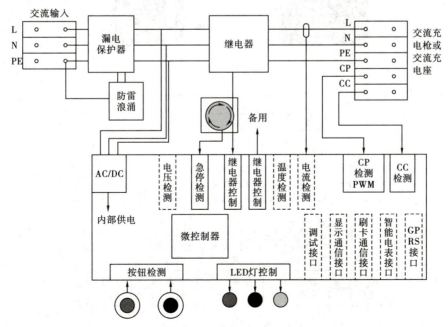

图 3-13　交流充电桩内部结构

2. 交流充电桩的工作原理

交流充电桩又称为交流供电装置，固定安装在电动汽车外，与交流电网连接，人机交互界面采用大屏幕LCD彩色触摸屏，充电可选择定电量、定时间、定金额、自动（充满为止）四种模式。充电桩的交流工作电压为 $220(1\pm15\%)$ V，输出功率为 3.5 kW、7 kW，普通纯电动轿车用充电桩充满电需要 $4\sim8$ h，由于充电桩造价低廉、主要安装在停车场，适用于慢充动力电池。交流充电桩的原理电路简图如图 3-14 所示，标准交流充电桩如图 3-15所示，交流充电桩硬件系统如图 3-16 所示。

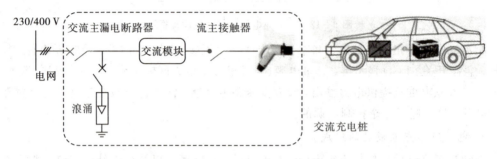

图 3-14　交流充电桩的原理电路简图

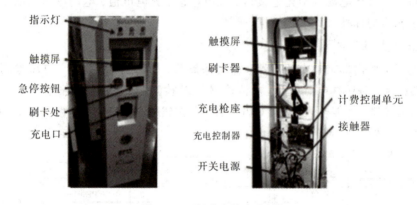

图 3-15　标准交流充电桩

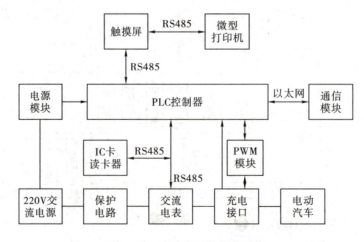

图 3-16　交流充电桩硬件系统

3. 交流充电桩电气元件

交流充电桩电气元件有漏电保护开关、防雷器、交流智能电能表、人机交互设备、运行状态指示灯、射频读卡器、急停开关、无线网络模块、交流接触器、继电器、绝缘监视器、主控板等。

交流充电桩部分电气元件实物图如图3-17所示。

  漏电保护开关   防雷器   交流智能电能表   绝缘监视器

  急停开关   人机交互设备   主控板

图3-17 交流充电桩电气元件实物图

各电气元件的作用如下：

（1）漏电保护开关。交流输入配置了漏电保护开关，具备输出侧的过载保护、短路保护和漏电保护功能。

（2）防雷器。交流输入配置了D级防雷器，具备防感应雷、防操作过电压等保护功能。

（3）交流智能电能表。交流输出配置了交流智能电能表（静止式交流多费率有功电能表），安装在交流输出端与车载充电机之间，用来计量有功总电能和各费率有功电能。

（4）人机交互设备。人机交互设备有LED屏与按键。充电方式可设置为自动充满、按电量充、按金额充和按时间充；启动方式可选择立即启动和预约启动；充电过程中实时显示充电方式、时间、电量及费用信息。

（5）运行状态指示灯。运行状态指示灯可显示充电桩"待机""充电""结束""异常"状态，若出现联锁失败、断路器跳闸（即过载保护、短路保护或漏电保护）等故障，指示灯均能显示出来。

（6）射频读卡器。射频读卡器支持IC卡付费方式，采用"预扣费与实结账"相结合的方式。

（7）急停开关。急停开关能快速切断输出电源。

（8）GPRS/CDMA无线网络模块。充电桩内部模块化安装，可用于联网运营类公共充电桩的对外通信。

（9）交流接触器。交流接触器应用于自动控制，是常用的低压控制电器，受继电器控制来实现继电器的通断。

（10）继电器。继电器应用于自动控制，是常用的低压控制电器。受主板控制来实现交流接触器线圈回路的通断。

（11）绝缘监视器。绝缘监视器是安全系统功能组件之一，应用于实时监测充电桩的绝缘状态，保障充电安全运行。

（12）主控板。主控板是充电桩的核心部件，集成了自检、信号控制、保护功能、通信等功能。

4. 车辆/供电接口触头布置

车辆/供电接口触头的布置方式如图 3 - 18 所示，各触头电气参数值及功能定义见表 3 - 1所示。

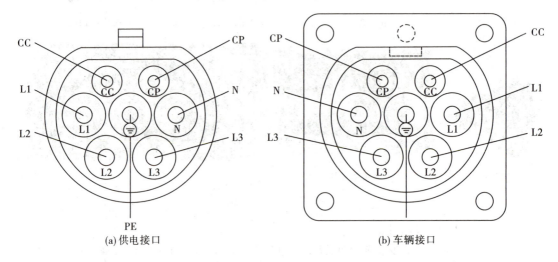

(a) 供电接口   (b) 车辆接口

图 3 - 18　车辆/供电接口触头布置方式

表 3 - 1　触头电气参数值及功能定义

触头编号	额定电压	额定电流	功 能 定 义
L1	250 V	10 A/16 A/32 A	单相交流电源
	400 V	16 A/32 A/63 A	三相交流电源
L2	400 V	16 A/32 A/63 A	三相交流电源
L3			
N	250 V	10 A/16 A/32 A	中线
	400 V	16 A/32 A/63 A	中线
PE			接地线，连接供电设备和车辆电平台
CC	0～30 V	2 A	充电连接确认检测充电枪是否连接可靠
CP	0～30 V	2 A	控制引导线，控制充电电流

3.1.4 直流充电桩

1. 直流充电桩的组成

直流充电桩采用三相四线制供电，可以提供足够大的功率，输出的电压和电流调整范围大(适用于乘用车和大巴车的电压需求)，可以实现快充。直流充电桩与交流充电桩的计量和通信及扩展计费功能类似。

直流充电桩主要由计费控制单元、读卡器、LCD、无线模块、电表和非车载充电机、AC/DC 电源模块、充电控制器、高压绝缘检测板、智能电表、触摸屏器、显示屏等组成。图 3-19 是标准直流 7 kW 充电桩结构图。

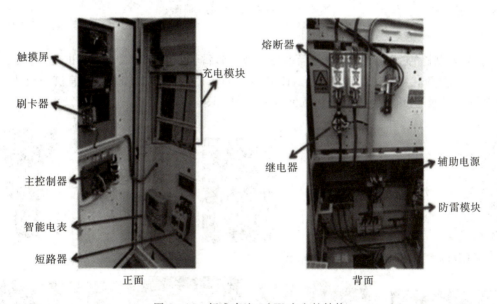

图 3-19 标准直流 7 kW 充电桩结构

2. 直流充电桩的工作原理

直流充电桩，俗称"快充"，它是固定安装在新能源汽车外、与交流电网连接、可以为非车载新能源汽车动力蓄电池提供直流电源的供电装置。与交流充电桩相比，直流充电桩多了充电模块，即交流转直流功能模块，其他结构基本一样。直流充电桩工作时，三相交流电经过 EMC 等防雷滤波模块进入电表中，经计量后输入充电机模块转换成可控制功率的高压直流电，经过充电枪直接给动力电池进行充电。电表监控整个充电机工作时的实际充电电量。根据实际充电电流及充电电压的大小，充电机往往需要并联使用，因此要求充电机拥有能够均流输出的功能，充电机输出经过充电枪直接给动力电池进行充电。

在直流充电桩工作时，辅助电源给主控单元、显示模块、保护控制单元、信号采集单元及刷卡模块等控制系统供电。另外，在动力电池充电过程中，辅助电源给 BMS 系统供电，由 BMS 系统实时监控动力电池的状态。直流充电桩输出功率为 40 kW、120 kW，最高 450 kW。直流充电桩的原理电路简图如图 3-20 所示。工作原理及充电过程详见第 5 章。

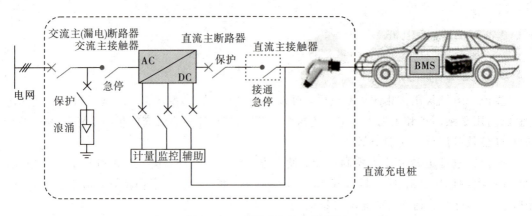

图 3-20　直流充电桩电路简图

3. 直流充电桩电气元件及功能

直流充电桩的主要电气元件有漏电保护器、防雷器、空气开关、充电机绝缘监测仪、泄放模块、直流接触器、直流熔断器、读卡器、急停开关、电能计量装置、直流源模块、低压辅助电源等。直流充电桩部分电气元件实物图如图 3-21 所示。

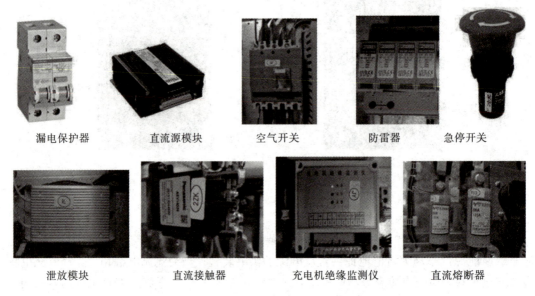

图 3-21　直流充电桩部分电气元件实物图

直流充电桩的电气元件功能如下：

（1）漏电保护器：在规定条件下，当剩余电流达到或超过给定值时，能自动断开电路的机械开关电器或组合电器。

（2）防雷器：为设备提供安全防护的电子装置。当电气回路中因外界的干扰突然产生尖峰电流时，防雷器能在极短的时间内导通分流，从而避免浪涌对回路中其他设备的损害。

（3）空气开关：当线路中的负载电流超过整定电流时就会自动断开的开关。空气开关是低压配电网络和电力拖动系统中非常重要的保护电器，它集控制和开关等多种保护功能于一身，除能完成接触和分断电路外，还能对电路或电气设备引发的短路、严重过载及欠电压等进行保护。为了保护计费系统不受断电掉闸影响，部分充电桩仅作为保护桩内高压回路使用。

（4）充电机绝缘监测仪：在线监测充电系统中正、负母线对地绝缘电阻值的装置，同时还能监测充电侧的直流电压，起到了保护人身和设备安全的作用。

（5）泄放模块：放电（泄放）电阻，在充电系统中用于在规定的 1 s 内降至 A 类电压，仅用作放电（握手阶段和结束阶段）。

（6）直流接触器：在 GB/T27930—2015 中被称为继电器。主触头由驱动线圈回路控制，来实现主回路的接通、分断，具备耐高电压大电流的能力。

（7）直流熔断器：半导体熔断体（保护半导体设备部分范围分段能力的熔断体），俗称保险丝，位于桩内直流源与枪线之间，主要用作过电流和短路保护。

（8）读卡器：客户可通过磁卡感应区来实现刷卡启动或结束充电、完成计费。

（9）急停开关：充电机工作状态下，遇紧急情况可按下急停开关实现人为停止设备运行。按下急停开关后可触发充电桩报故障，有部分充电桩将急停开关串入桩内总闸脱扣线圈回路中，一旦动作，需要现场人工合闸方可恢复。

（10）电能计量装置：分为交流电能计量表和直流电能计量表，是分别计量充电桩交流侧和直流侧的计量装置。

（11）直流源模块：高频直流电源，输出的电压和电流可随负载需求进行调节，是直流桩的重要部件之一。

（12）低压辅助电源：直流电源，继电器吸合之后可输出 12 V 的直流电给 BMS 供电。

4. 车辆/供电接口触头布置

车辆/供电接口触头的布置方式如图 3 - 22 所示。标准直流充电口端子定义及功能如表 3 - 2 所示。

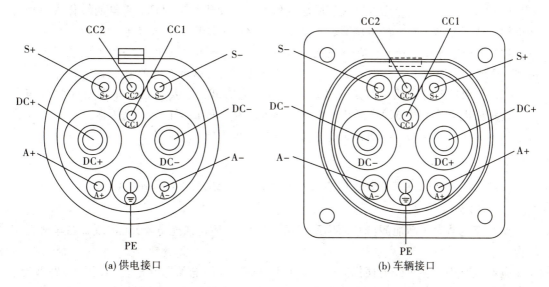

(a) 供电接口　　(b) 车辆接口

图 3 - 22　车辆/供电接口触头布置方式

表 3－2　标准直流充电口端子定义及功能

端子编号	功　能	端子编号	功　能
DC－	高压输出负极，连接到动力电池	CC1	快充连接确认线，CC1 与 PE 之间有 1 kΩ
DC＋	高压输出正极，连接到动力电池	CC2	快充连接确认线，与 VCU 相连
PE(CND)	车身地（搭铁）	S＋	快充通信 CAN－H，与 BMS 及数据采集终端相连
A－	低压辅助电源负极	S－	快充通信 CAN－L，与 BMS 及数据采集终端相连
A＋	低压辅助电源正极，12 V		

3.1.5　电动汽车充电模式及充电连接方式

1. 充电模式

电动汽车的充电模式分为以下五种：

（1）常规的充电方式。这种充电方式采用恒压、恒流的传统充电方式对电动汽车进行充电，充电电流十分有限，只有大约 15 A，通常情况下充电时间比较长。相应地，充电器的工作和安装成本比较低，简单易操作。该充电方式一般用在电动汽车家用充电设备和小型充电站上，充电过程可由客户自己独立完成。

（2）快速充电。这种充电方式以 150～400 A 的高充电电流在短时间内为蓄电池完成充电。相对于常规的充电方式而言，快速充电的成本较高。快速充电的充电时间通常与燃油车加油的时间是近似的，一般多用在大型充电站。

（3）无线充电。这种充电方式的原理类似在车里使用移动电话，将电能转化成一种特殊的激光或者是微波束，在车顶安装一个专用的接收天线即可完成充电。

（4）更换电池充电技术。在蓄电池电量耗尽时，用充满电的电池替换已经耗尽电量的电池，将电池回归服务站。电动汽车可以租借电池，也可以更换电池。

（5）移动式充电方式。这是一种最理想的充电方式，主要是在汽车巡航时为汽车充电。这种充电方式需要 MAC 系统，并预先将其埋在一段路下面，即充电区。接触式和感应式的 MAC 都可以采用移动式充电方式。这种充电方式成本巨大。

2. 充电连接方式

电动汽车的充电方式主要包括便携充电器、家用充电桩、公共充电桩三种。

1）便携充电器

便携充电器属于新能源汽车的标配，其充电电缆（便携式充电器）通常放置在车辆行李箱内。

电动汽车都会随车配备便携充电器，车主可通过家用电源进行充电，如图 3－23 所示。便携充电器的主要特点就是方便，但是充电速度慢，只能作为一种补电使用。

图 3 - 23　便携充电器

便携充电器是一种非常方便的充电方式，只要能找到插座，就可以充电。普通家用插座的电压为 220 V，电流为 10 A，充电功率一般来说只有 1.5～2.2 kW。如一辆北汽 EV200 纯电动汽车(续航里程为 200 km，电池容量为 30.4 kWh)，使用便携充电器，充满电需要 20 h；一辆比亚迪 E6 纯电动汽车(续航为 300 km，电池容量为 57 kWh)充满电需要近 40 h。便携充电器的充电时间太长，只能作为其他充电方式的一种补充，方便用户随时补电。

2）家用充电桩

家用充电桩是最常见的一种充电桩。一般私人用户购买电动汽车都会附赠一个家用充电桩，如图 3 - 24 所示。家用充电桩，低配版的功率是 3.6 kW，高配版的则是 6.6 kW；腾势提供的 2 种家用充电桩，功率分别为 10 kW 和 20 kW。不同型号的家用充电桩虽然输出功率有差异，但使用方法基本相同。

图 3 - 24　家用充电桩

家用充电桩内不带控制导线和接近导线，无法与车辆建立通信，充电时无法限制和确认最大电流强度，故不被多数厂家采用。

3）公共充电桩

公共充电桩是一种通过充电站或充电桩进行充电的模式，如图 3 - 25 所示。这种充电方式的优点是可以根据实际情况选择直流快充和交流慢充。

图 3 - 25　公共充电桩

公共充电桩一般由国家电网、南方电网这类电力企业建设并维护经营。今后，随着电动汽车产业的成熟，将会有不少民营资本进入这一领域。

3.1.6　充电桩的安装

充电桩的安装大致可分为三个阶段：准备、施工和验收。

（1）准备阶段。准备工作是保证安装工程顺利进行、安全完成的重要前提，不仅体现在施工前，而且贯穿于整个施工的全过程。准备工作通常包括现场勘察、制订方案和准备材料。

（2）施工阶段。当施工方案达成一致并经有关部门批准后，即可进入安装工程的施工阶段。施工阶段包含现场的来料检验和确认、内外电气布线及固定（电气线路的敷设）、低压保护装置的安装（配电柜内部）和配电柜及充电桩的安装。

（3）验收阶段。安装施工完成后，应对充电桩各技术性能进行检测，对不符合要求的地方进行重新调试安装，直到满足充电和安全要求。

（4）家用充电桩安装步骤。购买电动汽车可以送充电桩，充电桩的安装步骤如下：

① 联系物业公司。要和物业提前沟通好，确定小区充电桩的安装政策。

② 考察自己的车位。一般小区都会有很多配电室，业主要自己选择一个距离车位最近的，就是要确定充电桩安装位置与配电室的位置之间的最短路线。这样在安装的时候可以节省费用。

③ 提供相关材料。将身份证复印件、车位产权证明、物业同意安装说明交给工作人员。目前有的电力公司只接受充电桩公司的申请，业主是不能自己去申请的。

④ 现场实地考察。电力公司的工程师会通知充电桩公司一个时间，届时物业电工、充

电桩公司、电力公司和业主都要在现场，确定最终施工方案。

3.1.7　智能充电桩

智能电动汽车充电桩牢牢固定在地面上，通过充电接口为电动汽车的充电机以传导方式提供交流电能，具有通信和安全防护等功能。电动汽车蓄电池放电后，其直流电按照与放电电流相反的方向通过蓄电池，使它恢复工作能力，这个过程称为蓄电池充电。

1. 特点

智能电动汽车充电桩是一种安装在电动汽车上，采用地面交流电网和车载电源对电池组进行充电的装置，包括车载充电机、车载充电发电机组和运行能量回收充电装置，通过将一根带插头的交流动力电缆线直接插到电动汽车的充电插座中给蓄电池充电。车载充电装置通常使用结构简单、控制方便的接触式充电器，也可以是感应充电器，它完全按照车载蓄电池的种类进行设计，针对性较强。非车载充电装置，即地面充电装置，主要包括专用充电机、专用充电站、通用充电机、公共场所用充电站等，它可以适应各种电池的各种充电方式。通常非车载充电器的功率、体积和重量均比较大，以便能够适应各种充电方式。

2. 优点

智能充电桩具有以下优点：

（1）良好的扩展性和伸缩性，可通过增减功率单元和定制智能充电策略来快速响应用户需求变化。

（2）充电模块效率高，功率密度大，稳定可靠。

（3）配置灵活，可以满足不同规格电动汽车的充电需求。

（4）充电设定方式支持自动设定方式和手动设定方式，支持刷卡充电、APP 扫码充电、集中控制台充电以及多种定制化充电方式。

（5）满足 GB/T 20234.1—2015、GB/T 20234.3—2015、GB/T 18487.1—2015 等最新国家标准。

（6）触摸彩屏显示，人机界面友好，易操作、易维护。

（7）通信接口丰富，兼容所有车辆 BMS 协议及充电后台协议。

（8）保护功能完善，包括过压保护、欠压保护、过载保护、短路保护、漏电保护、电池反接保护及接触器触点烧结检测保护等。

智能电动汽车充电桩是推动电动汽车进入市场的不可缺少的助力。在充电桩推广并建设的过程中，我们需要了解充电桩的基本构造，在此基础上不断发展充电桩的应用功能和便捷措施。

3. 发展前景

在大数据、物联网、人工智能、虚拟助手等新科技的推动下，充电桩的智能化程度越来越高。目前，使用手机确定充电设备位置的用户占据了充电用户的大多数。充电客户还可以通过手机客户端进行系统访问和充电缴费。充电桩主可以通过手机实现对充电设备的远程监控，保证充电业务正常运营。此外，桩与手机配对后，桩主可通过手机远程错峰充电，节省充电费用。这些手机应用都充分挖掘了充电桩的使用功能，在很大程度上提高了充电桩的使用效率。由此可见，充电桩市场前景还是十分广阔的。

◇ 练习题

1. 常规充电的优点和缺点是什么？
2. 慢充电系统是由哪些零件组成的？
3. 车载充电机的作用是什么？
4. 充电桩有哪些类型？作用是什么？

3.2　充电桩安全使用与常见故障的检修

◇ 学习目标

(1) 了解充电桩充电安全要求；

(2) 掌握充电桩的常见故障；

(3) 了解充电桩的检测方法。

◇ 学习准备

新能源汽车一体化汽车实训教室，配备如下实训设备、仪器仪表等。

(1) 设备：纯电动吉利帝豪 EV450/北汽 EV200 汽车、举升机、交流充电桩等。

(2) 工具量具设备：绝缘工具、绝缘手套、万用表、汽车专用万用表、充电枪、汽车故障诊断器等。

(3) 附件：排线、门禁开关模块、急停开关模块、灯板线、PE 线、跨接线、辅助继电器线及插头、低压电源通信线、电表通信线、主控板插头、断路器、浪涌防护器、智能电表、交流接触器、主控模块、辅助继电器模块、限位卡、LED 板、LED 显示屏、读卡器等。

(4) 辅助工具：二氧化碳灭火器、手电筒、抹布。

(5) 其他材料：教材、课件、电动汽车使用手册等。

3.2.1　充电桩的安全要求及参数指标

1. 充电桩的安全要求

充电桩必须具备过流保护、过欠压保护、防雷保护、输出短路保护、漏电保护及过流保护等保护装置，并且内有漏电保护器。充电桩在待机或充电过程中如出现漏电情况会及时跳闸，从而保护客户人身安全。国家规定充电桩应具备断路器及剩余电流保护器等相关装置，确保用户的人身安全及设备安全。

(1) 过流保护。过流保护是指超过额定电流时，电路被自动切断，以防止过流烧坏电路板和电芯，避免设备故障。为更换方便，建议在充电桩中的过流保护器优先选择具备恢复力的自恢复保护丝。

(2) 短路保护。短路不仅会损坏电源，严重时候会造成火灾。因此，一旦发现短路情况，充电桩要立即切断电源。

（3）漏电保护。漏电保护是指在操作过程中电器漏电，当电流达到一定值时，充电桩瞬时保护开关动作并断电，以确保人员和电器安全。

（4）过压保护。过压保护是指在使用电路中设置保护电压，当超过额定电压时，电路自动断开，以达到保护电器的目的。常见的过压保护器件有放电管、二极管及压敏电阻，各大充电桩所采用的过压保护器可能略有不同。

（5）欠压保护。欠压保护一般是由电路短路引起的。欠压保护是指设备由于各种原因被切断电源后，电压被降低到低于临界电压时，采取保护措施以使汽车中的器件不受损伤，同时也延长了充电桩使用寿命。

（6）雷电保护。这对于露天的充电桩尤为重要。雷电防护主要采用浪涌保护器。当电气回路产生干扰或尖峰电流时，浪涌保护器可以在短时间分流，从而避免浪涌电流对回路主设备造成损害。户外充电桩的雷电防护多采用陶瓷气体放电管作一级防护。

（7）静电保护。静电对电子元件的伤害极大，瞬时电压高达几万伏，可以击穿电子元件，因而合格的充电桩都会采取静电保护措施，来避免这种不可挽回的损失。

（8）急停保护。急停开关是操作人员在判断设备出现故障时紧急停止运行电动汽车充电桩的开关，以保证人身和设备安全。

2. 交流充电桩的主要参数指标

（1）输入电源：单相（三相备用）220(1±10%)V AC；电压频率 50(1±2%) Hz；三线制（火线、零线、地线）；

（2）输出电压：单相（三相备用）220(1±10%)V AC；

（3）输出功率：单相 7 kW；

（4）输出电流（AC）：单相 32 A（最大 40 A）；

（5）通信方式：交流充电桩与电动汽车之间采用 CAN 总线通信；交流充电桩与充电站上位管理机之间采用 CAN 总线通信。

（6）连接导引信号：可输出 1 kHz/±12 V 的脉冲信号。

3.2.2　充电桩的安装与验收

1. 安装

从申请安装充电桩到充电桩真正落地使用大致需要进行三个步骤，即提交申请、审核材料和安装施工。确定充电桩的安装施工方案后，即可开始安装，根据各小区条件和车库位置的不同，施工时间也不同。

2. 验收

施工完成后充电桩公司先去电力公司报备，再由电力公司去现场验收，验收合格会给电表施加封志，然后电力公司制作对应的电卡，并由充电桩公司领取转交业主，或者业主自己去供电局领取。

3.2.3　充电桩的使用要求

（1）一般使用充电桩时需二维码，用手机扫码下载相关软件或者是关注公众号注册登录对应的小程序。快速充电桩上的充电线应插到电动车的连接口上，必须要插紧。

（2）充电人员要定期检查充电桩及其他相关设备，须保持消防器材、设施设备清洁干燥。并定时对充电场地、充电设备设施、消防器材进行保洁，确保设备情况良好。

（3）插上充电线，显示电动车与充电桩连接成功后，点击手机屏幕上的扫码充电或者序列号即可进行充电。

（4）充电过程中，操作人员应按照操作流程操作，同时须按要求对充电桩仪表、数据、充电模块、线路、开关等设施进行检查。

（5）充电过程中如发生故障，充电人员应立即按下充电机上的急停按键，以防故障进一步扩大。

（6）遇系统起火时，首先动用紧急停机装置切断电源，然后使用 ABC 通用型灭火器或者二氧化碳灭火器灭火。

（7）充电结束后，在服务号里点击停止充电，拔除充电枪，将线缆理好放在线架上，充电即完成。

（8）严禁私自拆卸、改装充电桩设备及附加设施。

吉利帝豪 EV450 车载充电主要技术参数如表 3-3 所示。

表 3-3　吉利帝豪 EV450 车载充电主要技术参数

项　目	参　数	单　位	项　目	参　数	单　位
输入电压	85～265	V	效率	≥93%	—
输入频率	50	Hz	质量	10.5	kg
输入最大电流	32	A	工作温度	−40～80	℃
输出电压	直流 200～450	V	冷却液类型	50%水＋50%乙醇	—
输出最大功率	6.6	kW	冷却液流量要求	2～6	L/min
输出最大电流	24	A			

3.2.4　充电桩的日常维护

1. 充电枪

市场上新能源汽车的充电方式主要有快充和慢充两种。在时间足够宽裕的情况下，应尽量选择慢充模式；若时间紧急则可选择快充模式。

交流桩充电枪常见的品牌有巴斯巴、惠禾以及菲尼克斯等。直流桩充电枪的品牌主要有多思达、巴斯巴、星星等。

充电枪的正确使用方法如下：

（1）直流桩充电枪。充电时一只手握住充电枪把手，另外一只手托住枪，将充电枪抬至微动开关（滑动开关）与地面平行；不要按压微动开关/滑动开关，将充电枪插进车辆充电口，同时会听到"咔哒"一声表示接通。需要注意，快充模式为大功率的直流充电，半小时可以充满80％容量，用于短时间对电池进行补电，但对电池的寿命有一定损伤。

（2）交流桩充电枪。交流为慢充充电，充电的过程需要6～8 h。单手握住充电枪把手，不要按压微动开关/滑动开关，将电充枪插进车辆充电口，这时会听到"咔哒"一声表示接通。充电模式选择慢充，可延长电池使用寿命。

充电插座如图3-26所示。

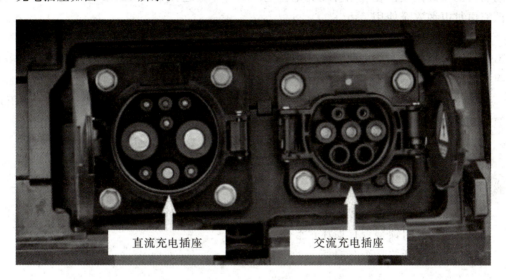

图3-26　充电插座

（3）一定要在车辆熄火的情况下进行充电，先把充电枪插入汽车充电口，再启动充电桩，充电完毕后先关闭充电桩，再拔掉充电枪。拔枪时，注意枪柄卡口位置，避免野蛮拔出。

2. 充电桩电缆

1）充电桩电缆参数

（1）导体芯数与截面规格。

① 芯数：2芯、3芯、4芯、5芯。

② 截面规格：0.5 mm²、1 mm²、1.5 mm²、2.5 mm²、4 mm²、6 mm²、10 mm²、16 mm²。

（2）充电桩电缆的电流估算。充电桩有单相与三相之分，不论三相还是单相，首先要折算交流进线电流值：对于单相充电桩（交流充电桩），$I=P/U$；对于三相充电桩（直流充电桩），$I=\dfrac{P}{1.732U}$。

（3）根据电流大小选择电缆。

① 对于单相充电桩（交流充电桩），一般功率为7 kW，$I=P/U=7000/220=32$ A，采用4 mm²的铜芯电缆。

② 对于三相充电桩（直流充电桩），15 kW/23 A采用4 mm²电缆，30 kW/46 A采用10 mm²电缆，60 kW/92 A采用25 mm²电缆，90 kW/120 A采用35 mm²电缆。

2）充电桩电缆使用注意事项

（1）定期检查电缆绝缘性能。通常情况下质量好的充电桩电缆拥有良好的绝缘效果，但是长期在露天环境下工作的充电桩电缆难免会出现磨损。为了保障充电桩能安全、正常使用，我们要定期对充电桩电缆进行检查，如开关和插座等的电缆、电线是否外露，只有这样才能确保充电桩电缆的安全性和耐用性。

（2）远离水源和潮湿位置。虽然充电桩电缆具有防水功能，但是长期在潮湿的环境下工作还是存在一定的隐患。因此在安装充电桩电缆时应当远离水源，避免充电桩电缆由于受潮引发的短路问题。在使用移动充电桩电缆时，尽量选择干燥、平坦的地面，这样才能保证充电桩电缆安全使用。

（3）避免超额负荷。现如今国内专业的充电桩电缆拥有多个不同功率的插口，可以实现不同功率的电动汽车充电的要求。但是需要注意一点：同一个充电桩不可同时使用多个功率过大的电器，避免因过度负荷给充电桩电缆造成损伤。

此外，所有充电桩都必须有零线和地线，所以单相的采用三芯电缆，三相的采用五芯电缆。

3. 桩体检测

（1）检测桩体外壳是否生锈、损坏、漏水。

（2）检测显示屏信息是否正常，是否有花屏。

（3）检测指示灯是否正常指示。

（4）检测设备门锁是否有损坏，能否上锁。

（5）检测急停开关是否有损坏。

4. 功能检测

通过充电桩检测仪，进行以下功能检测：

（1）根据性能参数检测要求，通过操作面板设置相应的功率，任意组合、设定放电功率。三相电源采用三相四线制，电源各自独立控制。

（2）整机采用电子电路控制，具有温度过热自动阻断保护功能，由于特殊原因出现过热时，可自动切断负载。

（3）显示电压、电流值、每一相功率因数、频率、每一相有功功率等，通过 PC 可实现对数据的存储功能。

（4）功率输入采用分段式方式，负载采用耗能方式，散热采用强制风冷方式。

（5）单相/三相交流充电桩的性能试验检测和长时间放电测试。

5. 数据记录

汽车充电站充电桩提供全国汽车充电站充电桩位置数据，支持区域查询、经纬度距离周边查询、关键字查询多种方式得到全国汽车充电站充电桩位置数据名称，所属的省、市、区，具体地址、联系方式等。

电量记录：一个月下载一次数据，作为后续运营数据分析。

故障记录：针对发现的故障进行记录跟进。

6. 充电桩测试标准依据

充电桩测试标准依据是指电动汽车充电桩国家和行业标准。电动汽车充电桩国家标准和行业标准如表 3-4 和表 3-5 所示。

表 3-4　电动汽车充电桩国家标准

序号	国家标准	标准名称
1	GB/T 18487.1—2015	电动汽车传导充电系统　第 1 部分：通用要求
2	GB/T 20234.1—2015	电动汽车传导充电用连接装置　第 1 部分：通用要求
3	GB/T 20234.2—2015	电动汽车传导充电用连接装置　第 2 部分：交流充电接口
4	GB/T 20234.3—2015	电动汽车传导充电用连接装置　第 3 部分：直流充电接口
5	GB/T 27930—2015	电动汽车非车载传导式充电机与电池管理系统之间的通信协议
6	GB/T 29317—2021	电动汽车充换电设施术语
7	GB/T 29318—2012	电动汽车非车载充电机电能计量
8	GB/T 28569—2012	电动汽车交流充电桩电能计量
9	GB/T 29781—2013	电动汽车充电站通用要求
10	GB/T 18487.2—2001	电动车辆传导充电系统 电动车辆与交流/直流电源的连接要求
11	GB/T 18487.3—2001	电动车辆传导充电系统 电动车辆交流/直流充电机(站)

表 3-5　电动汽车充电桩行业标准

序号	行业标准	标准名称
1	NB/T 33002—2018	电动汽车交流充电桩技术条件
2	NB/T 33003—2010	电动汽车非车载充电机监控单元与电池管理系统通信协议
3	NB/T 33004—2013	电动汽车充换电设施工程施工和竣工验收规范
4	NB/T 33008.1—2018	电动汽车充电设备检验试验规范 第 1 部分：非车载充电机
5	NB/T 33001—2018	电动汽车非车载传导式充电机技术条件
6	NB/T 33008.2—2018	电动汽车充电设备检验试验规范 第 2 部分：交流充电桩
7	Q/GDW 1233—2014	电动汽车非车载充电机通用要求
8	Q/GDW 1234.1—2014	电动汽车充电接口规范 第 1 部分 通用要求
9	Q/GDW 1234.2—2014	电动汽车充电接口规范 第 2 部分 交流充电接口
10	Q/GDW 1234.3—2014	电动汽车充电接口规范 第 3 部分：直流充电接口
11	Q/GDW 1485—2014	电动汽车交流充电桩技术条件
12	Q/GDW 1591—2014	国家电网电动汽车非车载充电机检验技术规范
13	QC/T 841—2010	电动汽车传导式充电接口
14	QC/T 842—2010	电动汽车电池管理系统与非车载充电机之间的通信协议

3.2.5　充电桩常见故障的检测和排除

下面主要针对某款国产电动汽车交流充电桩的常见故障及排除方法进行分析。

1. 交流充电桩常见故障

交流充电桩在使用过程中，造成交流充电桩故障的主要原因是主回路直接受到大电流、电压应力的影响。充电桩故障可分为两类：一是充电桩电源指示灯不亮，不能充电；

二是物理连接已完成，已启动充电，但是仍不能充电。

2. 故障诊断及排除

1）第一类故障诊断及排除

（1）故障原因。

① 充电电源连接不正常；

② 交流充电连接装置没有正确连接；

③ 充电桩线路故障。

（2）故障诊断流程。

① 根据故障现象检查配电柜总闸开关，正常工作时总闸开关闭合，若断开，则关闭总闸开关。

② 检测总闸开关输出电压，火线（L 线）与零线（N 线）电压是否为 220 V，若不正常，则说明线路开路、虚接或损坏，需要重新检查并连接线路或更换开关。

③ 检测充电桩输入电压，火线（L 线）与零线（N 线）电压是否为 220 V，若正常，则说明线路有软故障，需要检测连接线路各接插件、模块或更换开关。

2）第二类故障诊断及排除

第二类故障是供电电压正常，在充电前，充电插头与车辆电池接口正确连接，并且设备停机状态下所出现的故障，归纳如表 3-6 所示。

表 3-6　第二类故障诊断及排除

序号	故障现象	故障诊断	故障处理方法
1	正常充电状态，监控系统显示数据为 0	可能是充电桩与监控系统之间的数据通信出现故障	关闭监控系统和软件，重新连接数据通信线路，重新启动充电桩
2	正常充电状态下，充电电流小于 20 A	可能是充电桩显示屏及充电程序出现故障	重新安装充电桩显示和充电程序
3	无法正常充电或无法进入充电操作界面	可能是充电桩与监控系统之间的数据通信出现故障	检查充电桩显示屏，重新安装充电桩显示和充电程序
4	重启充电桩显示屏充电程序后 BMS 无通信	可能是充电桩与监控系统之间数据通信出现故障	重新安装充电桩显示和充电程序，更换总线模块
5	BMS 状态正常，充电电能正常充电电流为 0	可能是误按充电急停按钮	解除紧急状态，检查车辆电池、BMS 系统
6	BMS 状态正常，无充电电压	可能是误按下充电急停按钮	解除紧急状态，检查车辆电池、BMS 系统
7	BMS 状态正常，充电电压变化大，充电电流为 0	可能是充电模块故障	更换模块

3. 充电机特性测试仪

充电机特性测试仪能在现场同时测量充电机的输出电压、电流、功率、纹波系数以及充电机的电能误差等参数，同时还具备 BMS 模拟器、绝缘电阻测试、温度采集、湿度采集、GPS北京时间校准等功能，可进行充电电能计量误差检定、通信协议一致性试验及传导充电互操作性测试，全程可实现自动化测试；大屏幕以中文菜单显示，显示信息量大，操作方便；内置WI-FI模块，可无线传输数据，以及通过平板电脑等无线设备实现远程控制。推荐设备为XL-942非车载充电机现场特性测试仪。

◇ 练习题

　　1. 简述交流充电桩的安装流程。
　　2. 车载充电机的功能有哪些？
　　3. 在拆装车载充电机时需要注意什么？
　　4. 简述交流充电桩的安装流程。

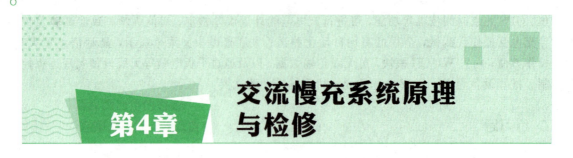

第4章　交流慢充系统原理与检修

4.1　新能源汽车慢充系统的组成和工作原理

◇ **学习目标**

(1) 掌握交流慢充系统的构成；

(2) 掌握交流慢充电路的工作原理；

(3) 掌握交流充电的基本操作流程。

◇ **学习准备**

新能源汽车一体化汽车实训教室，配备如下实训设备、仪器仪表等。

(1) 设备：纯电动吉利帝豪 EV450/北汽 EV200 汽车、举升机、交流充电桩等。

(2) 工具量具设备：绝缘工具、绝缘手套、万用表、检测仪等。

(3) 辅助工具：二氧化碳灭火器、手电筒、抹布。

(4) 其他材料：教材、课件、电动汽车使用手册等。

4.1.1　交流慢充系统的构成

电动汽车慢充系统主要由供电设备（交流充电桩或家用交流电源）、充电枪、慢充接口、车载充电机（OBC）、高压线束、高压控制盒、动力电池（含 BMS）、整车控制器（VCU）及连接它们的高低压线束等元器件构成。

供电设备包含交流充电桩、充电线缆及充电插头，通过充电插头和车载充电座的连接，为车载充电机提供 220 V 或 380 V 交流电，然后车载充电机将交流电转换成高压直流电并输送给动力电池。

在整个充电的过程中，电池管理系统（BMS）通过动力电池内部监测点监测动力电池各项参数，并通过 CAN 通信系统和整车控制器（VCU）、车载充电机（OBC）通信，控制和调节充电电流及电压，以满足动力电池的充电特性。交流慢充系统基本结构如图 4-1 所示。交流慢充系统主

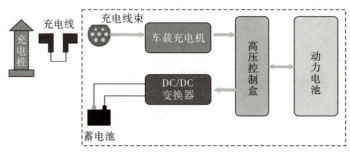

图 4-1　交流慢充系统结构图

要由充电线束、车载充电机、DC－DC变换器、蓄电池、高压控制盒、动力电池等部件组成。

4.1.2　交流慢充系统的零部件

1. 车载充电机(OBC)

车载充电机拓扑电路如图4－2所示。车载充电机的作用是充电时把市电的220 V或380 V交流电转化为动力电池所需要的高压直流电，以供给动力电池使用。

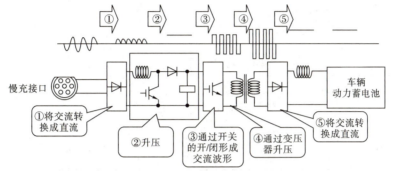

图4－2　车载充电机拓扑电路

车载充电机由高压配电模块、散热层和OBC车载充电机控制模块三部分组成。

图4－3(a)是吉利帝豪EV450车载充电机外形及接口。其中，BV17的引脚1连接动力电池BV16－1，引脚2连接动力电池BV16－2；BV27的引脚1连接交流充电插座BV24－1，引脚2连接交流充电插座BV24－2，引脚3连接交流充电插座BV24－3；BV29的引脚1连接电机控制器BV28－1，引脚2连接电机控制器BV28－2；BV33的引脚1连接PTC控制器BV32－1，引脚2连接PTC控制器BV32－2，引脚3连接电动压缩机BV30－1，引脚4连接电动压缩机BV30－2。

图4－3(b)是吉利帝豪EV450车载充电机内部结构，由上、中、下三层组成，最上层是高压配电模块，中间层是散热层，最下层是OBC车载充电机控制模块。高压配电模块主要把动力电池电压通过两块跨接板分配到直流充电口、电机、空调、PTC。高压配电模块上还连接各个高压插头和高压互锁线束以及开盖保护开关，以防止在上电期间误开盖而引发触电事故。一般车载充电机采用水冷散热，在中间层设置水道，以便进行散热。OBC车载充电机控制模块内部还包含整流装置、AC/DC转换装置以及温度管理系统等。

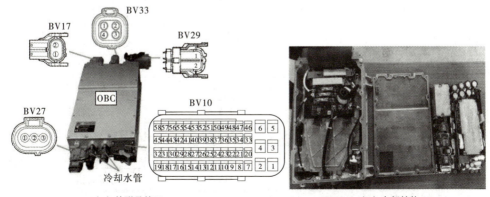

(a)外形及接口　　　　　　　　　　　　　(b)内部结构
图4－3　吉利帝豪EV450车载充电机及其接口

吉利帝豪 EV450 车载充电机与交流充电插座、动力电池、电机控制器、电动压缩机、PTC 加热控制器通过 5 条橙色高压线束连接。车载充电机高压电气原理简图如图 4-4 所示。

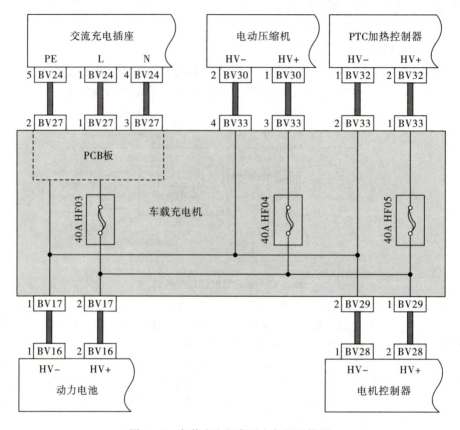

图 4-4 车载充电机高压电气原理简图

车载充电机高压连接器管脚定义如表 4-1 所示。

表 4-1 吉利帝豪 EV450 车载充电机高压连接器管脚定义

插头	管脚编号	管脚定义	说 明
BY17	1	HV−	动力电池 BV16-1
	2	HV+	动力电池 BV16-2
BY27	1	L	交流充电插座 BV24-1
	2	PE	交流充电插座 BV24-2
	3	N	交流充电插座 BV24-3
BY29	1	HV+	电机控制器 BV28-1
	2	HV−	电机控制器 BV28-2
BY33	1	HV+	PTC-加热控制器 BV32-2
	2	HV−	PTC-加热控制器 BV32-1
	3	HV+	电动压缩机 BV30-1
	4	HV−	电动压缩机 BV30-2

车载充电机的功能如下：

（1）通过高速CAN网络与BMS通信，判断动力电池连接状态是否正确；获得电池系统参数及充电前和充电过程中整组和单体电池的实时数据。

（2）通过高速CAN网络与整车控制器通信，上传充电机的工作状态、工作参数和故障告警信息；接收启动充电或停止充电控制命令。

（3）具有交流输入过压保护功能、交流输入欠压告警保护功能、交流输入过流保护功能，直流输出过流保护功能、直流输出短路保护功能。

（4）在充电桩与动力电池之间起功率转换的作用，交流充电桩通过交流充电接口将能量输送给车载充电机，车载充电机与电池管理系统通信，并将能量传递给动力电池。

2. 交流慢充接口

交流慢充接口位于汽车左前翼子板上，充电接口内有照明灯，由电池管理系统(BMS)控制。当交流充电枪插入充电接口时，充电枪和车辆之间形成检测回路，若连接正确即可进行充电。

交流慢充接口及各管脚功能如图4-5所示。

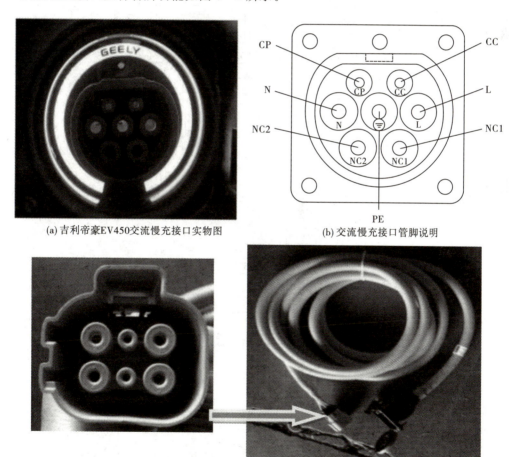

(a) 吉利帝豪EV450交流慢充接口实物图　　(b) 交流慢充接口管脚说明

(c) 北汽EV200交流慢充接口实物图

CP—充电连接控制线，控制充电电流；CC—充电连接确认线，检测充电枪是否连接可靠；
L—交流电 L 相；N—交流电中线；NC1、NC2—备用线(380 V)；PE—车身接地端

图 4-5　交流慢充接口及引脚功能

吉利帝豪 EV450 交流慢充接口与车载充电机之间通过 RV24～BV27 高压橙色电缆连接，接入交流充电桩传送的交流电。交流慢充插座 BV24、BV25 与车载充电机低压充电插座 BV10 通过低压线束连接，进行信息的采集和通信，如图 4-6 所示。

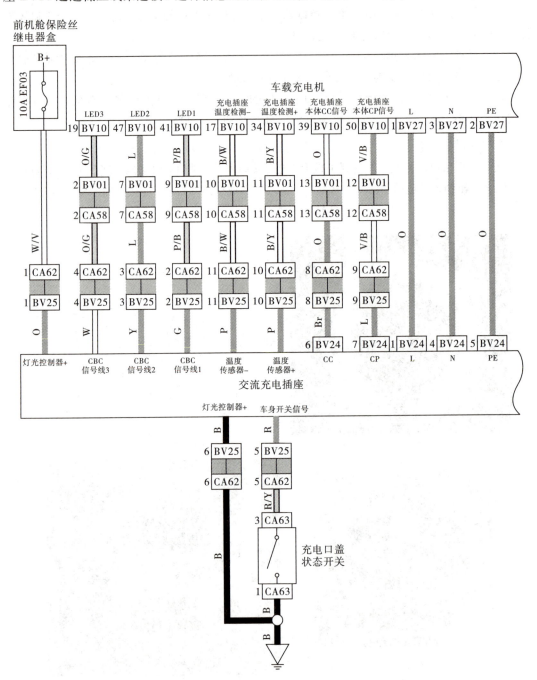

图 4-6　吉利帝豪 EV450 交流慢充接口与车载充电机电气连接图

吉利帝豪 EV450 交流慢充插座 BV10、BV25 的端子如图 4-7 所示。

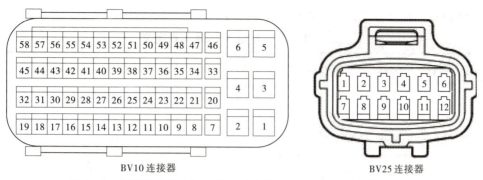

BV10 连接器　　　　　　　　　　BV25 连接器

图 4-7　吉利帝豪 EV450 交流慢充系统 BV10、BV25 连接器端子图

交流慢充插座 BV10 的端子编号定义如表 4-2 所示，未定义端子引脚为空脚。

表 4-2　交流慢充束线连接器端子管脚编号定义

连接器	管脚号	管脚定义	说明	连接器	管脚号	管脚定义	说明
BV10	4	KL30	R	BV10	41	对应灯具 2 脚	P/B
	6	接地	B		44	电子锁正极	W/L
	17	充电口温度检测 1 地	B/W		47	对应灯具 3 脚	L
	19	唤醒	0.5/W		49	对应灯具 4 脚	O/C
	26	高压互锁入	W		50	CP 监测信号	V/B
	27	高压互锁出	Br/W		54	CAN-L	L/B
	30	电子锁状态	W/R		55	CAN-H	Cr/O
	34	充电口温度检测 1	B/Y		57	电子锁负极	W/B
	39	CC 信号检测	O				

3. 动力电池及电池管理系统（BMS）

电池管理系统（BMS）、动力电池模块、CSC 采集系统、电池高压分配单元（B-BOX）内置在动力电池箱中，如图 4-8 所示。电池管理系统实时监控电池组电压、温度、电流、绝缘信息，并上报数字控制核心（NCU），根据整车控制器（VCU）指令完成对动力电池高压分配单元（B-BOX）的控制，以保证动力电池在最佳条件下使用。

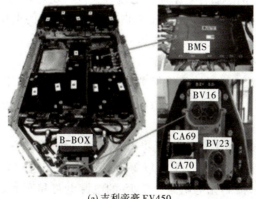

(a) 吉利帝豪 EV450

(b) 北汽 EV200

图 4-8　动力电池构造

动力电池的连接器管脚及定义如表 4-3 所示。

表 4-3　动力电池连接器管脚定义

连接器	管脚号	管 脚 定 义	连接器	管脚号	管 脚 定 义
CA69	1	12 V	CA70	1	快充 CAN H
	2	GND(地)		2	快充 CAN L
	3	整车 CAN H		3	快充 CC2
	4	整车 CAN L		4	快充 Wakeup
	5	—		5	快充 Wakeup GND
	6	Crosh		6	—
	7	IG2		7	—
	8	—		8	—
	9	快充插座正极柱温度＋		9	—
	10	快充插座正极柱温度－		10	—
	11	—		11	快充插座正极柱温度＋
	12	—		12	快充插座正极柱温度－

电池管理系统(BMS)的主要功能如下：

(1) 电池 SOC(荷电状态)/SOH(电池健康度)检测。计算剩余容量，保证 SOC 维持在合理的范围内，根据充电时电压、电流和温度进行容量损耗的估算。

(2) 功率限制。限制电量的输出以保护电池包。

(3) 唤醒/停止控制。控制车载充电机的启停，保证充电过程安全稳定进行。

(4) 电池均衡控制。控制所有电池在一定的压差水平充电，若任意电池的电压值高于平均值，则开启平衡功能，使电池组中各个电池都达到均衡一致的状态。

(5) 劣化评估。监控单体电池的数据，保证最佳工作状态。

(6) 绝缘电阻计算。监测高压绝缘状态，进行绝缘保护，保证车辆的安全使用。

(7) 其他功能。充放电控制，电池冷却控制、系统故障诊断及报警、管理系统的软件更新、升级等。

动力电池通过连接器 CA69、CA70 及相关低压线束将电池管理系统(BMS)与整车控制器(VCU)、车载充电机(OBC)、功率集成单元(PEU)等部件相连。充电时，OBC 向 VCU 发出充电请求，VCU 唤醒 BMS 来控制充电电路。BMS 的电源电路和通信线路图如图 4-9 所示。

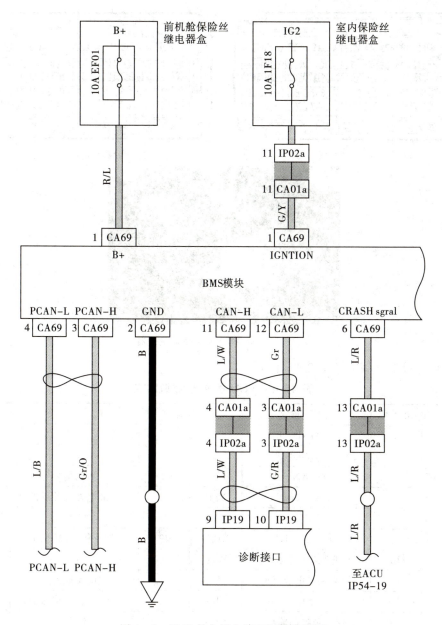

图4-9 BMS的电源电路和通信线路图

4. 整车控制器(VCU)

整车控制器(VCU)是整车控制系统的核心,承担车辆各系统的数据交换与管理、故障诊断、安全监控、驾驶人意图解析等任务。

吉利帝豪EV450整车控制器通过CA66、CA67两个低压控制接口与车辆其他系统相连,进行信号采集和通信。在交流慢充系统中,VCU发送充电、放电和智能充电等指令,连接信号确认后,整车处于禁止行车状态,VCU交出控制权,由电池管理系统(BMS)和车载充电机(OBC)共同完成充电过程。充电结束,车辆控制权重新回到VCU管理范围中。

吉利帝豪EV450整车控制器CA67 VCU的结构及连接器管脚如图4-10所示。

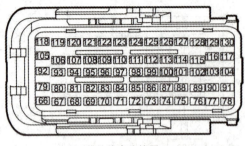
VCU 模块线束连接器 CA67

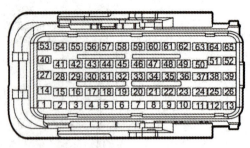
VCU 模块线束连接器 CA66

图 4-10 帝豪 EV450 整车控制器

VCU 连接器管脚定义如表 4-4 所示。

表 4-4 VCU 插接器管脚定义

插头编号	端子号	端 子 定 义	线色	端子号	端 子 定 义	线色
CA66	1	GND	B	22	VCAN-L	L\W
	2	GND	B	23	VCAN-H	Gr
	4	UDSCAN-H	L\R	24	启动信号	W\L
	5	UDSCAN-L	Y\R	25	主继电器电源反馈	Y
	7	PCAN-L	L\B	26	GND	B
	8	PCAN-H	Gr\O	39	电源正极(反接保护)	Y
	10	高速风扇电源反馈	W\B	50	IG1	R\B
	11	低速风扇电源反馈	W	51	主电源控制器	Br\W
	12	常电	R	52	电源正极(反接保护)	Y
	15	变速箱唤醒输出	R\G	54	GND	B
	16	电机控制唤醒输出	L\W	58	高压互锁输出	Br\W
	20	P 挡指示灯信号输出	G\B			
CA67	76	高压互锁输入	Br	100	油门电源1	R\L
	83	冷水泵电源反馈	R\W	101	水泵检测	G\R
	86	自动开关(常闭)	O	111	油门信号1	G\L
	96	自动开关(常开)	Br	112	油门信号2	G\W
	99	油门电源2	R\B	115	冷却水泵继电器控制	G\Y
	123	油门地2	R\W	127	高速风扇继电器控制	P
	124	油门地1	R\L	128	低速风扇继电器控制	L\G

VCU 的电源电路和通信电路如图 4-11 所示。

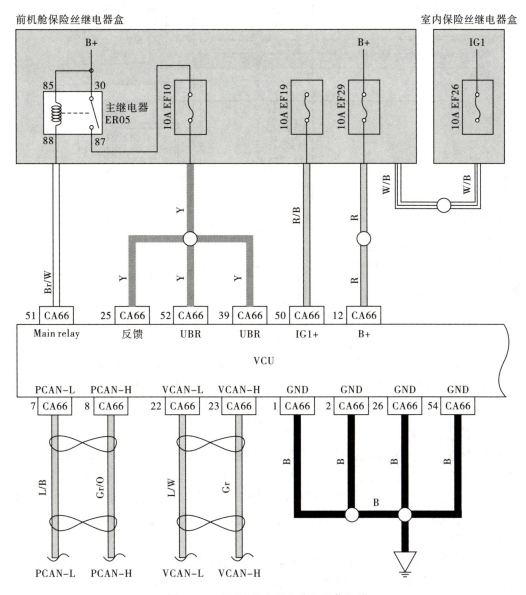

图 4-11　VCU 的电源电路和通信电路

4.1.3　交流慢充系统的工作原理

交流慢充系统工作电路如图 4-12 所示。该电路由充电桩控制器，接触器 K_1 和 K_2，电阻 R_1、R_4、R_c，二极管 VD_1，开关 S_1、S_2、S_3，车载充电机和整车控制器组成。电阻 R_c 安装在充电枪上，开关 S_1 为供电设备内部开关，S_2 为车辆内部开关。在车辆接口和供电完全连接后，如果车载充电机自检无故障，并且动力电池组处于可充电状态，则 S_2 闭合。开关 S_1 为充电枪的内部常闭开关，与充电枪上的下压按钮联动（用于触发机械锁止装置），按下按钮的同时，S_3 处于断开状态。

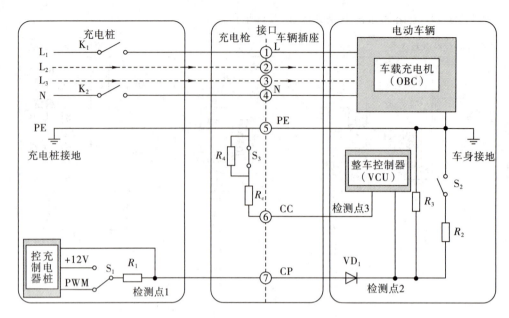

图 4-12　交流慢充系统工作电路图

当车辆处于交流充电模式时，车载充电机检测交流充电接口的 CC、CP 信号（充电枪插入、导通信号），确认连接无误后通过 CAN 通信网络通知整车控制器（VCU），VCU 唤醒 BMS、BMS 向车载充电机发送指令充电，同时闭合主继电器，动力电池开始充电。当充电枪与慢充接口断开时，充电桩控制器自动切断慢充充电桩至充电枪的电路。

1. 充电过程

交流慢充的过程如下：

（1）车辆插头与车辆插座插合，VCU 通过检测点 3（CC 引线端）与 PE 之间的阻值来判断充电枪与充电插座是否完全连接。未连接时，S_3 处于闭合状态，CC 未连接，检测点 3 与 PE 之间的电阻值为无限大；半连接时，S_3 处于开路状态，CC 已连接，检测点 3 与 PE 之间的电阻值为 $R_4 + R_c$；完全连接时，S_3 处于闭合状态，CC 已连接，检测点 3 与 PE 之间的电阻值为 R_c。

（2）车辆准备就绪。在车载充电机自检完成后，在没有故障的情况下，车载充电机通过 CAN 向整车控制器（VCU）和电池管理系统（BMS）发出充电请求，BMS 检查电池组处于可充电状态时，控制开关 S_1 闭合，车辆处于"充电请求"或"可充电"状态。

（3）供电设备（慢充充电桩）准备就绪。供电控制装置通过测量检测点 1 的电压值判断供电插头和供电插座是否完全连接，当检测点 1 的峰值电压为 6 V 时（见表 4-5），充电桩控制器通过闭合接触器 K_1 和 K_2 使交流供电回路导通。

表 4-5　检测点 1 的电压状态

检测点 1 的峰值电压/V	充电和插座连接状态	S_2	S_1	检测点 2	是否可充电
12	未连接	断开	+12 V	无电压	否
9	连接	断开	PWM	有占空比信号	否
6	连接	闭合	PWM	有占空比信号	是

（4）开始充电。车辆控制装置通过测量检测点 3（CC 引线端）与 PE 之间的电阻值，来确认当前车辆充电系统的额定充电电流，通过判断检测点 2 的 PWM 信号占空比确认供电设备的最大可供电能力。充电过程中，车载充电机最大允许输入电流值取决于充电桩的可供电能力、充电线缆载流值和车载充电机额定电流的最小值。充电过程中 VCU 和 BMS 不断监测检测点 2 和 3 的状态，确保满足预设的充电条件。

（5）充电结束或停止控制。充电过程中，当达到车辆设置的结束条件或者驾驶员对车辆实施了停止充电的指令时，车辆控制装置（VCU 和 BMS）断开开关 S_2，并使车载充电机处于停止充电状态，当交流充电桩检测到 S_2 开关断开时，在 100 ms 内通过断开接触器 K_1 和 K_2，切断交流供电回路；超过 3 s 未检测 S_2 断开，可以强制带载断开接触器 K_1 和 K_2，切断交流供电回路。

（6）非正常条件下充电结束或停止控制。在充电过程中，通过检测 PE 与检测点 3 之间的电阻值来断充电枪与慢充插座的连接状况。如判断开关 S_3 由闭合变为断开，则车辆控制装置控制车载充电机在 100 ms 内停止充电，然后断开 S_2。在充电过程中，车辆控制装置对检测点 2 的 PWM 信号进行检测，当信号中断时，车辆控制装置控制车载充电机在 3s 内停止充电，然后断开 S_2；在充电过程中，如果检测点 1 的电压值为 12 V、9 V 或其他非 6 V 的状态，则供电控制装置在 100 m 内断开交流供电回路。

在充电过程中，交流充电桩还能提供计费服务的功能，通过联网记账、智能 IC 卡虚拟计费实现结算。一般交流慢充 13～14 h 可充满。

为防止车辆充电过程中充电枪丢失，车辆具有充电枪锁止功能，充电枪插入充电接门后，只要驾驶员按下智能钥匙闭锁按钮，充电枪防盗功能将开启，BCM 收到智能钥匙的关闭信号后通过 CAN 总线将该信号传递到车载充电机，车载充电机控制充电枪锁止电机锁止充电枪，此时充电枪无法拔出，如要拔充电枪，需先按下智能钥匙解锁按钮，解锁充电枪。

2. 交流（慢充）充电桩的要求及特点

1）交流充电桩技术要求

交流充电桩作为电动汽车电能补给的一种重要方式，通常安装于公共建筑和居民小区停车场或充电站内，可以固定在地面或墙壁上，为各种型号的电动汽车充电。充电桩应该满足以下技术要求：

（1）高安全性、可靠性。充电桩壳体坚固，防护等级达标（室内 IP32，室外 IP54），防潮湿、防霉变、防锈（防氧化）。

（2）硬件设计符合功能完善理念。电气回路应包括防雷器、交流熔断器、空气开关（带漏电保护）、交流接触器、充电连接器、急停按钮等元器件，且材料配件选用阻燃材料。

（3）安全防护措施完备。充电桩具有过负荷、过电流、过温、防雷及交直流漏电保护功能。

（4）友好的人机交互。充电桩界面显示信息完备、充电流程简易、操作简单、控制方便且具有较强的容错性。

（5）性能优化升级。充电桩配置具有嵌入式芯片的主控制器，支持电动汽车充电卡支付、通信协议、充电接口管理、联网监控、预约充电等功能的优化升级。

2）交流充电桩功能要求

交流充电桩的系统简单、占地面积小、操作方便，应具备以下功能：

（1）控制导引功能。交流充电桩具备与电动汽车之间传输信号或通信的功能。

（2）远程通信功能。交流充电桩具备与上级监控管理系统通信的功能。

（3）人机交互功能。交流充电桩可显示运行状态信息，具有手动输入和控制功能。

（4）计量计费功能。公用型充电桩应具有对充电电能量进行计量的功能，计量功能应符合 GB/T 28569《电动汽车交流充电桩电能计量》的要求。

（5）锁止功能。交流充电桩采用连接方式 A 或连接方式 B 时，在额定电流大于 16 A 的情况下，供电插座应安装锁止装置，可避免充电过程中拔出供电插头。

（6）急停功能。交流充电桩具备显示、操作等必需的人机接口，以及防止误操作的措施。充电桩可安装急停装置来切断供电设备和电动汽车之间的联系，以防电击、起火或爆炸。启动急停装置时应切断充电桩的动力电源输入。

（7）安全防护功能。交流充电桩具备过负荷保护、短路保护、过压、欠压、过流、漏电保护功能，确保充电桩安全可靠运行。

（8）交流充电桩设置刷卡接口。支持 RFID 卡、IC 卡等常见的刷卡方式，并可配置打印机，提供票据打印功能。

（9）交流充电桩具备充电接口的连接状态判断、控制导引等完善的安全保护控制逻辑。

3）交流充电技术特点

交流充电技术也称常规充电或慢速充电，需外部提供 220 V 或 380 V 交流电源向电动汽车车载充电机供电，再由车载充电机为动力蓄电池充电。交流充电技术有以下特点：

（1）交流充电电流一般较小，大多为 15 A，充电时间较长。

（2）交流充电设备的制造和安装成本较低，可单独或配合直流充电机广泛配置于居民小区，停车场或充电站。

4.1.4　我国充电接口标准

充电接口和充电协议的匹配是新能源汽车使用充电桩充电时必须具备的基本条件，在执行新国标之前，国内存在三种充电标准：第一种是旧国标 GB/T20234，规定了交流与直流接口的标准，但由于标准的不完善，厂商执行并不规范；第二种是名为 CCS 联合充电系统（Combined Charging System）的欧式标准，CCS 标准充电接口如图 4-13 所示；第三种是特斯拉自有充电体系的标准，仅服务于特斯拉车型。

图 4-13　CCS 标准充电接口

由于充电接口标准不一，导致充电桩的普及难度大大增加，而且用户寻找配套充电桩的难度也大大增加，严重影响了新能源汽车未来的推广和销售。为此，国家在大力发展充电桩建设的同时，2011 年推出了 CB/T 20234—2011 推荐性标准，替换了部分 GB/T 20234—2006 中的内容。目前我国关于充电桩的最新的标准是 GB/T 20234—2015，标准规定：交流额定电压不超过 690 V，频率为 50 Hz，额定电流不超过 250 A；直流额定电压不超过 1000 V，额定电流不超过 400 A，并于 2016 年 1 月 1 日正式实行，要求国内销售的新能源汽车都要采用符合新标准的充电接口和充电协议。即 2016 年 1 月 1 日以后生产的新能源汽车，充电接口都要执行统一的标准，主要标准有：

GB/T 20234.1—2015 电动汽车传导充电用连接装置第 1 部分：通用要求；

GB/T 20234.2—2015 电动汽车传导充电用连接装置第 2 部分：交流充电接口；

GB/T 20234.3—2015 电动汽车传导充电用连接装置第 3 部分：直流充电接口。

◇ 练习题

1. 简述交流慢充系统的组成及作用。
2. 简述交流慢充系统工作时，充电电流流过的路径。
3. 随车充电设备充电和交流充电桩充电各有什么优缺点？

4.2　交流慢充线束

◇ 学习目标

（1）了解纯电动汽车交流慢充线束常见的检查内容；

（2）了解纯电动汽车交流慢充线束的结构和设计要求；

（3）掌握吉利帝豪 EV450 或北汽 EV200 慢充线束更换的方法和流程。

◇ 学习准备

新能源汽车一体化教室，配备如下实训设备、仪器仪表等。

（1）设备：纯电动吉利帝豪 EV450/北汽 EV200 汽车、举升机、交流充电桩等。

（2）工量具及仪器设备：绝缘工具、绝缘手套、万用表、检测仪表等；

（3）辅助工具：二氧化碳灭火器、抹布、手电筒；

（4）其他材料：教材、课件、电动汽车使用手册等。

4.2.1　交流慢充线束常见的检查内容

电动汽车交流慢充系统主要由交流充电口、交流充电枪锁止电机、动力电池、车载充电机、充电口照明灯等部件及相关线束构成。动力线束（高压配电）布置图如图 4-14 所示。线束连接器对应名称如表 4-6 所示。

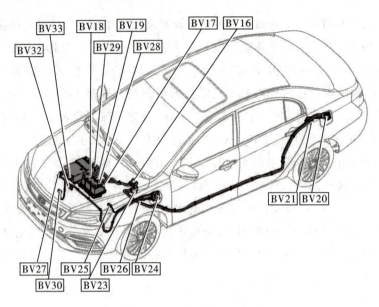

图 4-14 动力线束(高压配电)布置图

表 4-6 线束连接器对应名称

线束	线束连接器对应名称	线束	线束连接器对应名称
BV01	动力线束接前机舱线束连接器	BV18	接电机控制器线束连接器1
BV03	接前机舱保险丝、继电器盒(接线片1)	BV19	接驱动电机线束连接器
BV04	接前机舱保险丝、继电器盒(接线片2)	BV20	直流充电插座线束连接器
BV05	蓄电池正极线束连接器	BV21	接低压线束连接器(直流1)
BV06	电动真空泵线束连接器	BV23	接动力电池线束连接器2
BV07	减速器线束连接器	BV24	交流充电插座线束连接器
BV08	空调压缩机线束连接器	BV25	接低压线束连接器(交流)1
BV09	水冷水泵线束连接器	BV26	接低压线束连接器(交流)2
BV10	充电机控制器线束连接器	BV27	接车载充电机线束连接器
BV11	电机控制器线束连接器	BV28	接电机控制器线束连接器2
BV12	三DC输出+线束连接器	BV29	接OBC分线盒线束连接器2
BV13	电机线束连接器	BV30	接电动压缩机线束连接器
BV14	电机水泵线束连接器	BV32	接PTC加热控制器线束连接器1
BV15	TCU线束连接器	BV33	接OBC分线盒线束连接器3
BV16	接动力电池线束连接器1	BV34	DC输出一线束连接器
BV17	接OBC分线盒线束连接器1		

　　纯电动汽车在使用的过程中，零件的老化、灰尘的积累等会对交流充电系统正常工作产生影响。因此，需对慢充电系统进行不定期的检查。检查的主要内容如下：

　　(1)检查充电机能否正常工作。

　　(2)检查充电插座处是否有灰尘、接触不良等情况，充电插座与充电枪连接是否有松动现象。

（3）检查充电高低压线束是否有破损现象。

（4）检查充电机冷却液管路是否正常、是否有漏液现象。

（5）检查慢充口照明灯能否正常工作。

（6）检查慢充口卡扣盖是否正常。

对于检查出的问题要及时进行维修。若发现交流充电线束随着时间的使用有老化破损现象，则要立即进行更换新的。

4.2.2　慢充线束的结构

慢充线束来是连接交流充电口和车载充电机的高压线束，市电经过慢充线束传输至充电机中。慢充线束需要承受较高的电压和电流，在一般的电动汽车上，充电线束按额定电压值 600 V 设计；而如果在商用车和公共汽车上使用，额定电压值则高达 1000 V，根据功率要求，慢充线束使用时的额定电流值可达到 250～450 A。为适用于较大的电压、电流，要求慢充线束具有较好的绝缘能力。慢充线束表面附有较厚的橙色绝缘套，两端有连接器，在线束外围缠绕橙色波纹保护管，其结构如图 4-15 所示。在使用和维护过程中，注意不要损坏其绝缘结构，防止漏电事故。若连接器松动、线束表面破损、线束绝缘电阻值达不到 20 MΩ 的，则须及时更换新的。

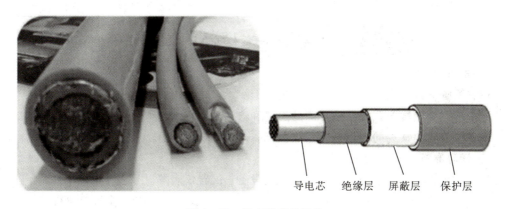

导电芯　绝缘层　屏蔽层　保护层

图 4-15　慢充线束的结构

4.2.3　慢充线束的设计要求

近年来，各式各样的新能源汽车已经陆续走进我们的日常生活，电动汽车电机控制器、电机、充电机等零部件之间由慢充线束连接。电动汽车慢充线束在设计时的要求如下：

（1）电压。通常汽车电缆的结构按照 600 V 额定电压值设计；如果在商用车或公交车上使用，额定电压值可以达到 1000 V。目前内燃机驱动的汽车所有的电缆设计为 60 V 额定电压值。

（2）电流。慢充线束连接电池、逆变器和电动机，需传输高电流。根据系统组件的功率要求，该电流值达 250～450 A。这么高的电流在常规驱动的车辆上是很难找到的。

（3）温度。高电流传输导致高功耗组件发热，因此慢充线束必须能承受较高的温度。相比之下，传统汽车通常使用慢充线束的额定温度为 105℃，但电动汽车应达到 125℃或 150℃。

（4）工作寿命。通常在指定的温度等级下慢充线束的使用寿命为 3000 h，在高压应用领域要求超过 3000 h，在规定的温度下累计运行时间则达到 12 000 h。

（5）屏蔽效果。其实慢充线束的本身并不需要屏蔽，因为不像同轴电缆那样传输数据，但是需要防止或减少系统中开关电源产生的高频辐射通过线束影响到周边部件。

（6）柔韧性。混合动力汽车的开发在很多情况下是在原来已经设计装载汽油发动机和它的组件的空间加入了更多的电气组件、电缆和连接器等部件，导致电缆弯曲半径过小，易于折断。为了解决这个问题，高压电缆高柔韧性是至关重要的。

（7）耐弯曲。如果电动机位于靠近车辆的运动部位，容易导致连接的高压电缆连续振动，所以要求要设计成能承受高的循环弯曲应力，以确保良好的弯曲耐力。

（8）标识。因为高电压的应用风险大，各种标准均定义高压电缆必须在视觉上与普通汽车电缆区分，指定表面必须是鲜艳的橙色。同时还要印制警示内容和特殊标记，如"小心！高压 600 V"警示语、高电压的闪电标识等。

◇ 练习题

1. 交流慢充线束的上游与哪些元件相连接？下游又与哪些元件相连接？
2. 如何判断交流慢充线束的绝缘性能？
3. 交流慢充系统的连接器有哪些？

4.3　交流慢充系统常见故障的检修

◇ 学习目标
（1）了解交流慢充系统常见的故障现象。
（2）掌握交流慢充系统故障排除的思路和方法。
（3）能够解决常见的交流慢充系统故障。

◇ 学习准备
新能源汽车一体化教室，配备如下实训设备、仪器仪表等。
（1）设备：纯电动吉利帝豪 EV450/北汽 EV200 汽车、举升机、交流充电桩等。
（2）工量具及仪器设备：绝缘工具、绝缘手套、万用表、汽车专用万用表、汽车故障诊断仪等。
（3）辅助工具：二氧化碳灭火器、抹布、手电筒。
（4）其他材料：教材、课件、电动汽车使用手册等。

4.3.1　交流慢充系统常见的故障

本小节以北汽 EV200 车辆为例，介绍电动汽车在使用的过程中，交流慢充系统出现的常见故障现象、可能原因以及故障诊断与排除、故障分析。

1. 车辆无法充电

故障现象：车辆在使用充电桩充电时，充电桩指示灯亮，充电器电源工作灯亮，车辆无法充电。

可能原因：动力电池控制器故障、动力电池故障、通信故障。

故障诊断与排除：根据上述故障现象，充电桩和充电器工作指示灯正常，检查对象应为通信和动力电池内部。用故障检测仪检测故障码及数据流，读出故障码：P1048(SOC过低保护故障)、P1040(电池单体电压欠压故障)、P1046(电池电压不均衡保护故障)、P0275(电池电压不均衡保护故障)；读出数据流：动力电池单体电芯最低电压为 2.56 V、动力电池单体电芯最高电压为 3.2 V，单体电芯电压差大于 500 mV 时动力电池管理系统(BMS)启动充、放电保护而无法充电，更换动力电池单体电芯，动力电池故障解除，车辆恢复充电。

故障分析：通过以上故障诊断与排除过程，总结以下动力电池具备充电的条件。

(1) 充电桩与充电器或快充桩与动力电池的通信要匹配。

(2) 车载充电器要能正常工作、无故障。

(3) 整车控制器与充电器、动力电池控制器的通信要正常。

(4) 唤醒信号要正常。

(5) 整车控制器和动力电池控制器的信号要正常。

(6) 单体电芯之间电压差小于 500 mV。

(7) 高压电路无绝缘故障。

(8) 动力电池内部温度在充电的温度范围内。

2. 充电时充电桩跳闸

故障现象：车辆在使用充电桩充电时，出现充电桩跳闸，充电器无法充电。

可能原因：充电器内部短路。

故障诊断与排除：检查充电桩交流 220 V 电压、充电桩 CP 线与充电器连接正常，再检查充电线束、高压线束、充电器、动力电池的绝缘均正常，更换充电器，故障排除。

故障分析：因为此车的故障现象是充电桩跳闸，说明唤醒信号和互锁电路正常，所以基本可以断定是充电器内部短路故障。

3. 充电器指示灯不亮

故障现象：车辆在使用充电桩充电时，仪表充电指示灯不亮，车辆无法进行交流充电。

可能原因：充电器内部故障、充电唤醒信号中断或互锁电路故障。

故障诊断与排除：检查低压熔断丝盒内的电池充电熔断丝和充电器低压电源，用万用表直流电压挡测量充电器低压电源正常，再检查充电系统连接插件无退针、锈蚀现象，更换充电器，故障排除。

故障分析：检查充电器低压供电正常，而充电工作指示灯都不亮，基本确定为充电器内部故障。

4. 充电器指示灯正常但无法充电

充电指示灯正常，但充电电流为 0 A，车辆无法进行交流充电。

可能原因：充电线断路不通，或者充电输出回路开路。

故障诊断与排除：用万用表检查车辆充电相关继电器、线路、动力电池、车载充电机、充电输出线是否断路，输出线根部或插头外是否断线，零件接口是否松动或损坏，12 V 低压蓄电池长时间使用是否出现充电输出电压不足现象。如果充电机、整流电路、动力电池、BMS 等组件正常，就说明是充电桩故障。

故障分析：故障现象说明充电器内部电路工作基本正常。

4.3.2　故障诊断思路

（1）验证故障。将交流充电枪插入充电座中，观察仪表盘显示状况，确认充电指示灯是否工作，是否有充电电流显示。

（2）进行基本检查。对于交流慢充系统可能发生故障的部位进行基本检查；对慢充系统充电座、充电枪、交流慢充线束、车载充电机和动力电池之间的线束进行检查，查看是否有管脚接触、线路破损等情况发生。

（3）使用故障诊断仪检查。用故障诊断仪查看能否读取相关故障代码及故障说明，缩小故障范围。

（4）检查交流慢充系统的车载充电机、BMS等零部件供电、接地、充电唤醒信号及通信是否正常；根据电路图，检查车载充电机保险、线束、12 V 电源、接地及慢充唤醒信号是否正常，BMS能否正常工作，12 V 唤醒信号是否正常，整车控制器、动力电池等部件的CAN线是否正常；检查动力电池低压控制端搭铁及 VCU 控制搭铁是否正常。

（5）检查高压电路是否正常。如果低压电路正常，充电仍无法完成，则逐步检查交流慢充接口、车载充电机、动力电池间的高压线束是否正常；如还不能排除，则应考虑车载充电机、动力电池内部出了故障。

4.3.3　交流慢充系统充电故障的检修

1. 充电机低压电源故障或充电机故障的检修

1）故障诊断仪检测

车载交流充电机低压电源故障及充电机内部故障会造成车辆仪表显示报警标识，用故障诊断仪可迅速检测出故障。常见诊断故障代码（DTC）如表 4-7 所示。

表 4-7　车载充电机部分故障诊断代码及说明

故障代码	说　　明
U300616	控制器供电电压低
PIA8403	CP 在充电机的内部测试点占空比异常
PIA841C	CP 在充电机的内部 6 V 测试点电压异常（S_2 关闭以后）
PIA851C	CP 在充电机的内部 9 V 测试点电压异常（S_2 关闭以前）
PIA8538	CP 在充电机的内部测试点频率异常（S_2 关闭以前）
PIA8698	温度过高关机
PIA8806	自检故障
PIA8898	交流插座过温关机
PIA8998	热敏电阻失效故障
PIA88IC	充电连接故障
U300617	控制器供电电压高

2）故障排除

对于这类故障，一般诊断和排除流程如下：

（1）用诊断仪访问车载充电机，查看是否有DTC，如有，则根据DTC提示的相关信息和故障范围进行检查维修（见表4-6）。

（2）用万用表测量蓄电池电压，与标准电压值进行比较（标准值：11～14 V），若达不到要求，则对蓄电池充电或者更换蓄电池。

（3）检查车载充电机供电是否正常，接好相关线路。吉利帝豪EV450车载充电机低压系统电路简图如图4-16所示。

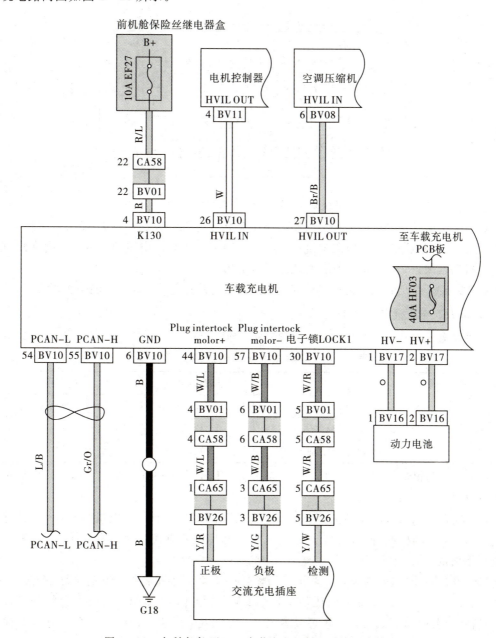

图4-16 吉利帝豪EV450车载充电机低压系统电路简图

3）根据电路检查

（1）检查 EF27 保险是否熔断，若熔断则更换保险，正常则继续进行以下步骤。

（2）检查车载充电机供电是否正常。断开车载充电机线束连接器 BV10，接通开关电源。

测量车载充电机线束连接器 BV10 的 4 号端子对车身接地的电压，和蓄电池电压标准值（11～14 V）进行比较。若电压值异常则进一步检查充电机低压电源线束，如正常，则继续进行下面的步骤。吉利帝豪 EV450 车载充电机低压连接器 BV10 引脚图如图 4-17 所示。

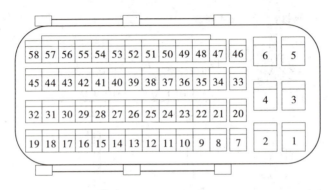

图 4-17　吉利帝豪 EV450 车载充电机低压连接器 BV10 引脚

（3）检查车载充电机接地相关线路。测量车载充电机线束连接器 BV10 的 6 号端子与车身接地之间的电阻值，和电阻标准值（小于 1 Ω）进行比较。电阻值若异常，则维修或更换充电机接地线束；若正常，则继续进行下面步骤。

（4）更换车载充电机。更换车载充电机后，接通开关电源，确认功能是否正常。

2. 车载充电机通信故障的检修

常见车载充电机通信故障代码见表 4-8 所列。

表 4-8　车载充电机通信故障诊断代码

故障诊断代码	说　明	故障诊断代码	说　明
U007300	CNA 总线开关	U015587	与组合仪表通信丢失
U011287	高压电池控制器通信丢失	U012287	与车身稳定系统通信丢失
U021487	与 PEPS 控制器通信丢失	U014687	与网络通信丢失

（1）用诊断仪访问车载充电机，查看是否有 DTC，有则根据表 4-7 所列 DTC 提示进行检测维修。

（2）检查充电机低压电源故障，对蓄电瓶电压、EF27 保险、充电机供电线束、接地线束进行检查，并和标准值进行比较。若不正常则修理或者更换相关的零部件，若正常则继续进行下面的步骤。

（3）检查 BMS 供电情况，接通开关，测量 BMS 线束连接器 CA69 的 1 号、7 号端子，检查车身对地电压，并和标准电压值（11～14 V）进行比较。CA69 连接器管脚分布如图 4-18 所示。若电压不正常，则修理或者更换 BMS 供电线束，若正常则继续进行下面的步骤。

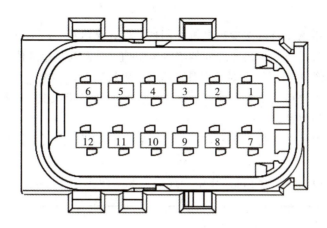

图4-18 CA69连接器管脚分布

（4）检查BMS接地情况。测量BMS线束连接器CA69的2号端子与车身接地之间的电阻，并和标准电阻值（小于1 Ω）进行比较。若电阻值不正常，则修理或者更换BMS接地线束，若正常则继续进行下面的步骤。

（5）检查车充电机与BMS之间线束连接器的数据通信线。测量车载充电机线束连接器BV10的5号端子（见图4-6）与BMS线束连接器CA69的4号端子（见表4-3）之间的电阻值，并与标准电阻值（小于1 Ω）进行比较。若电阻值异常，则修理或者更换BV10插件54号端子（见表4-2）与CA69插件4号端子之间的数据线。用同样的方法，测量车载充电机连接器BV10的55号端子（见表4-2）与BMS线束连接器CA69的3号端子之间的通信连接情况，若电阻值异常，则修理或者更换相关线束。

（6）检查BMS、车载充电机是否正常，若不正常则更换BMS。接通电源开关，检查BMS功能是否正常。如此时BMS工作正常，则证明原本故障是由BMS内部故障引起的。用同样的方法检查车载充电机是否正常。

3. 高压系统漏电故障的检修

高压系统因绝缘损坏造成高压漏电，会导致车辆无法正常工作。高压系统漏电故障代码及说明如表4-9所示。

表4-9 高压系统漏电故障代码及说明

故障代码	说 明	故障代码	说 明
P1A8019	直流输出电压过高	P1A8616	输出电压过低关机
P1A8017	OBC关闭由于输入电压过高	P1A8719	输入过载
P1A8016	OBC关闭由于输入电压过低	P1A8811	充电机输出短路故障
P1A8617	输出电压过高关机		

高压系统漏电的原因主要是高压线缆及其连接器部分绝缘损坏，为准确找到故障部位，需要进行高压绝缘监测。测试零部件时需断开高压连接件。

（1）检查车载充电机高压线束的绝缘状况，使电源模式处于OFF状态，断开直流母线束连接器BV16。用绝缘电阻测试仪分别测试BV16的1号端子、2号端子与车身接地之间的绝缘电阻值，并将其和标准值（大于或等于20 MΩ）进行比较。若绝缘电阻不符合要求，则修理或者更换线束。

（2）用绝缘电阻测试仪依次检查电机控制器、车载充电机、PTC加热器、电动压缩机以及充电接口正、负极与车身接地之间的绝缘电阻值，并将其与标准值（大于或等20 MΩ）进行比较。如果绝缘电阻不符合要求，则修理或者更换线束。

（3）用同样的方法检查动力电池正、负极高压线束的绝缘状况，若绝缘状况不符合要求，则修理或者更换线束。

（4）检查动力电池功能是否正常，若动力电池工作正常，则说明故障是由动力电池内部造成的。

吉利帝豪EV450车载充电机高压系统连接情况如图4-19所示。

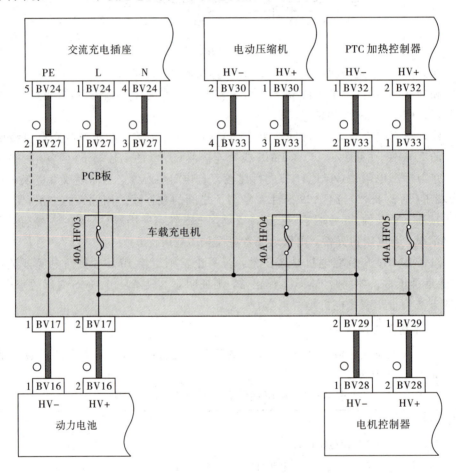

图4-19　吉利帝豪EV450车载充电机高压系统连接情况

◇ 练习题

1. 画出车载充电器的电路图。
2. 简述交流故障诊断排除思路。
3. 简述充电时充电桩跳闸的原因。

直流快充系统原理与检修

第5章

5.1 直流快充系统的组成和工作原理

◇ **学习目标**

(1) 掌握直流快充系统的构成和零部件用途；

(2) 掌握直流快充系统的工作原理；

(3) 掌握直流充电线束的更换。

◇ **学习准备**

新能源汽车一体化汽车实训教室，配备如下实训设备、仪器仪表等。

(1) 设备：纯电动吉利帝豪 EV450/北汽 EV200 汽车、汽车实验台、举升机、直流充电桩等。

(2) 工具量具设备：绝缘工具、绝缘手套、万用表、检测仪等。

(3) 辅助工具：二氧化碳灭火器、手电筒、抹布。

(4) 其他材料：教材、课件、电动汽车使用手册等。

5.1.1 直流快充系统的构成

直流快充系统由充电桩、直流充电座、动力电池(含 BMS)、整车控制器(VCU)及连接它们的高、低压线束等元器件构成。当直流充电设备接口连接到整车直流充电口时，直流充电设备发送充电唤醒信号给 BMS，BMS 根据电池的可充电功率，向直流充电设备发送充电电流指令。BMS 吸合系统高压继电器，动力电池开始充电。

直流快充系统的供电设备是直流充电桩，它固定安装在电动汽车外，与交流电网连接，为电动汽车的动力电池提供直流电源。直流充电桩的输入电源采用三相四线制，输出为可调直流，输出的电压和电流调整范围大，可以实现快充的要求。直流充电桩集中在城市公共快充站、高速公路快充站等。

交流充电需要借助车载充电机进行充电，而直流快充系统并不需要车载充电机。两者在充电速度上差异较大，一辆纯电动汽车(普通电池容量)完全放电后，通过交流充电桩充满需要 8 h，而通过直流充电桩只需要 2～3 h。

直流充电桩的整体系统由直流充电桩、集中器、电池管理系统(BMS)、直流充电桩管理服务平台四部分组成。

1. 直流充电桩

直流充电桩固定安装在电动汽车外，与交流电网连接。输入电压采用三相四线(380

V AC，精度为±15％），频率为 50 Hz，输出为可调直流电，可以提供足够的功率，输出的电压和电流调整范围较大，可以满足快充的要求，直接为电动汽车的动力电池充电。

直流充电桩由计费控制单元(PCU)、充电控制器、充电机模块、读卡器、彩色液晶屏、直流电能表、充电电缆、直流充电接口等组成，如图 5-1 所示。由于第 3 章对直流充电桩电气元件及其功能已有详细介绍，因此下面只介绍部分部件的作用。

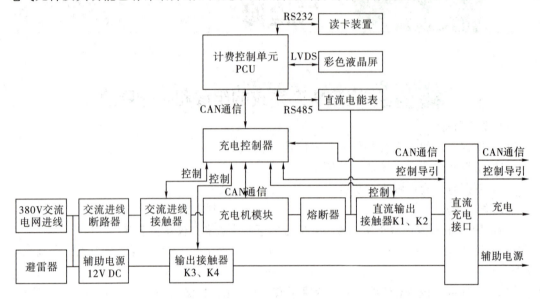

图 5-1　直流充电桩部件框图

（1）计费控制单元。计费控制单元包括硬件和软件两部分：硬件由生产厂家按照国家电网有限公司制定的硬件规范进行设计制造，软件由国家电网有限公司统一分发授权。该单元具备人机显示、计量计费、支付、数据加解密、控制充电启停、与车联网平台通信等功能。

（2）充电控制器。充电控制器的硬件和软件均由生产厂家自行设计制造，其与计费控制单元之间的通信协议按照统一规范进行设计。充电控制器具备交流供电控制、充电机模块运行管理、车辆 BMS 通信、设备告警检测处理等功能。

（3）充电机模块。按照充电控制器指令，充电机模块将交流/直流电源通过整流调整为预设的电压和电流，对电动汽车进行充电。该模块可通过 CAN 网络与车辆监控系统通信，上传充电机的工作状态、工作参数和故障告警信息，接收启动充电或停止充电的控制命令。

（4）读卡器。用户刷卡或插卡，经读卡器识别后，充电桩可通过 RS232 接口与计算机控制单元 PCU 进行通信。

（5）彩色液晶屏。具备 LVDS 接口的 7.0 英寸(1 英寸=2.54 cm)高亮度液晶屏，在白天和晚上能自动调节亮度。

（6）直流电能表。直流电能表采用 RS485 通信方式与充电桩主控连接，可根据用户需求对充电情况进行监控。直流电能表可直观显示电动汽车在直流充电站进行快速充电时的电压、电流、功率、电量等值，便于各类数据的查询以及异常情况记录的查看。

（7）充电电缆。直流充电桩采用符合 GB/T 18487.1—2015 和 GB/T 20234.3—2015 国家标准要求的充电电缆。

2. 集中器

电动汽车充电桩的控制电路与集中器利用 CAN 总线进行数据交互，集中器与服务器平台利用有线互联网或无线 GPRS 网络进行数据交互。电动汽车车主能够自助刷卡，通过使用者身份鉴别进行余额查询、计费查询等操作；能够通过语音输出接口，实现语音交互；能够根据液晶显示屏指示选择四种充电模式：按时计费充电、按电量充电、自动充满、按里程充电等。

3. 电池管理系统（BMS）

电池管理系统（BMS）的主要功能是监控电池的工作状态（电池的电压、电流和温度），预测动力电池的电池容量（SOC）和相应的剩余行驶里程，以避免出现过放电、过充、过热和单体电池之间电压严重不平衡等现象，最大限度地利用电池存储能力和循环寿命。

4. 充电管理服务平台

充电管理服务平台可提供充电管理、充电运营、综合查询三种服务。充电管理对系统涉及的基础数据（包括用户卡信息、电动汽车信息、充电桩信息、电池信息等）进行集中式管理；充电运营可通过用户充电来计算费用，并通过平台扣除卡中金额。其中，客户信息和交易信息都会进行保密处理。

5.1.2　直流快充系统的零部件

1. 直流快充接口及连接线束

吉利帝豪 EV450 直流快充接口安装于汽车左后车身处。待方向盘下按钮开启后，方可打开快充盖。直流快充接口的结构如图 5-2 所示。

(a) 快充接口　　　　　(b) 快充插座引脚

图 5-2　吉利帝豪 EV45 直流快充接口的结构

DC−：高压输出负极，连接到动力电池负极；

DC＋：高压输出正极，连接到动力电池正极；

PE(CND)：车身地（搭铁）；

A－：低压辅助电源负极，接地；

A＋：低压辅助电源正极，为 12 V；

CC1：快充连接确认线，与 PE 之间有一个 1 kΩ 的电阻；

CC2：快充连接确认线，与 VCU 相连；

S＋：快充 CAN－H，与动力电池管理系统（BMS）及数据采集终端通信；

S－：快充 CAN－L，与动力电池管理系统（BMS）及数据采集终端通信。

当快充枪插入充电插座之后，形成连接检测网络，检测结果正确后即可开始充电。快充接口 BV20 连接器与动力电池端高压连接器 BV23 通过直流线束相连，进行电能传输。直流充电接口内 BV21 连接器与 BMS 模块线束连接器 CA70 相连，进行信息采集和通信，具体如图 5-3 所示。

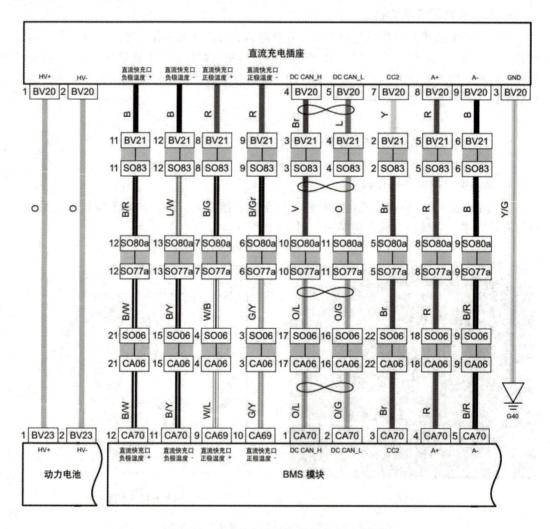

图 5-3　直流充电插座与 BMS 电气连接图

BV21 是连接低压线束的连接器（直流 1），BV23 是连接动力电池线束的连接器（直流 2），BV21、BV23 连接器端子如图 5-4 所示。

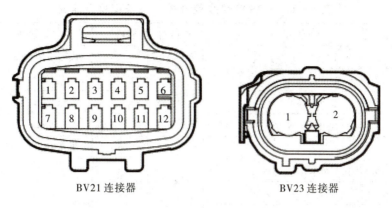

BV21 连接器   BV23 连接器

图 5-4 BV21、BV23 连接器端子

2. 动力电池及电池管理系统(BMS)

动力电池是新能源汽车的核心能量源，为整车提供驱动电能。动力电池通过 BMS 实现对电芯的管理，借助连接器 CA69、CA70 及相关线束将 BMS 与 VCU 相连，进行整车的通信及信息交换。BMS 模块线束连接器如图 5-5 所示。

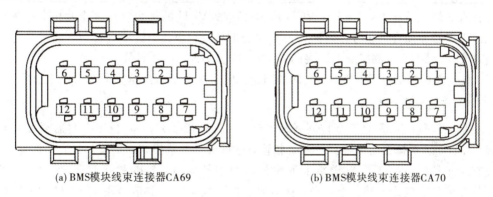

(a) BMS模块线束连接器CA69   (b) BMS模块线束连接器CA70

图 5-5 BMS 模块线束连接器

BMS 的作用：电池保护和管理的核心部件，在动力电池系统中，它的作用相当于人的大脑。它不仅要保证电池安全可靠地使用，而且要充分发挥电池的能力和延长使用寿命。BMS 作为电池和整车控制器以及驾驶者沟通的桥梁，通过控制接触器来控制动力电池组的充、放电，并向 VCU 上报动力电池系统的基本参数及故障信息。

BMS 的功能：通过电压、电流及温度检测等功能实现对动力电池系统的过压、欠压、过流、过高温和过低温保护，以及继电器控制、SOC 估算、充放电管理、均衡控制、故障报警及处理、与其他控制器通信等功能；此外，BMS 还具有高压回路绝缘检测功能，以及为动力电池系统加热的功能。

BMS 模块线束连接器 CA69、CA70 端子编号及定义如表 5-1 所示。

表 5 - 1　BMS 模块线束连接器端子编号及定义

连接器	管脚号	管脚定义	连接器	管脚号	管脚定义
CA69	1	12 V	CA70	1	快充 CAN - H
	2	GND(地)		2	快充 CAN - L
	3	整车 CAN - H		3	快充 CC2
	4	整车 CAN - L		4	快充 wakeup
	5	—		5	快充 wakeup GND
	6	Crosh		6	—
	7	IG2		7	—
	8	—		8	—
	9	快充插座正极柱温度＋		9	
	10	快充插座正极柱温度－		10	
	11	—		11	快充插座正极柱温度＋
	12	—		12	快充插座正极柱温度－

在直流快充系统中，BMS 与 VCU 通信并接收 VCU 的指令进行充电唤醒，控制动力电池内部接触器闭合，并随时监测动力电池包的电压、电流、温度等参数，通过充电桩进行信息交流。BMS 与数据采集终端的 CAN - H、CAN - L 之间分别串联了一个 120 Ω 的电阻，从快充接口测量 S＋与 S－之间的阻值，应为两个 120 Ω 电阻的并联值 60 Ω。

3. 整车控制器(VCU)

整车控制器(VCU)是整车控制系统的核心，吉利帝豪 EV450 整车控制器通过 CA66、CA67 两个低压连接器与车辆其他系统相连，进行信号的采集和通信。

在快充系统中，VCU 发送给电池包的命令包括充电、放电和智能充电。VCU 通过 CC2 信号确认充电枪连接状态，快充接口通过低压线束将唤醒信号送至 VCU，VCU 收到信号之后，唤醒 BMS 进入工作状态，并发送信号到 BMS 继电器。在充电连接信号被确认后，整车处于禁止行车状态，VCU 退出控制。整个充电过程由电池管理系统(BMS)完成，直至充电完成或者充电中断，车辆控制权才可重新回到 VCU。整车控制器实物图如图 5 - 6 所示。

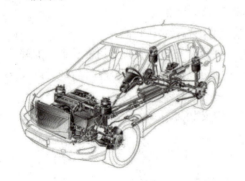

图 5 - 6　整车控制器实物图

1）国外 VCU 介绍

（1）丰田公司整车控制器。丰田公司整车控制器接收驾驶员的操作信号和汽车的运动传感器信号，其中驾驶员的操作信号包括加速踏板信号、制动踏板信号、换挡位置信号和转向角度信号，汽车的运动传感器信号包括横摆角速度信号、纵向加速信号、横向加速信号和 4 个车轮的转速信号。整车控制器将这些信号经过控制策略计算，通过左右 2 组轮毂电机控制器和逆变器分别驱动左后轮和右后轮。

（2）日立公司整车控制器。日立公司纯电动汽车整车控制器的控制策略是在不同的工况下使用不同的电机驱动电动汽车，或者按照一定的扭矩分配比例，联合使用 2 台电机驱动电动汽车，使系统动力传动效率最大。当电动汽车起步或爬坡时，由低速、大扭矩永磁同步电机驱动前轮；当电动汽车高速行驶时，由高速感应电机驱动后轮。

（3）日产聆风 LEAF 整车控制器。日产聆风 LEAF 的整车控制器接收来自组合仪表的车速传感器和加速踏板位置传感器的电子信号，通过控制器控制直流电压变换器 DC/DC、车灯、除霜系统、空调、电机、发电机、动力电池、太阳能电池、再生制动系统。

（4）英飞凌新能源汽车整车控制器。该控制器可兼容 12 V 及 24 V 两种供电环境，适用于新能源乘用车、商用车电控系统，作为整车控制器或混合动力控制器。该控制器对新能源汽车动力链的各个环节进行管理、协调和监控，以提高整车能量利用效率，确保安全性和可靠性。

该整车控制器采集司机驾驶信号，通过 CAN 总线获得电机和电池系统的相关信息进行分析和运算；通过 CAN 总线给出电机控制和电池管理指令，实现整车驱动控制、能量优化控制和制动回馈控制，具备完善的故障诊断和处理功能。此外，该控制器还专门加入了一个 16 位处理器单元用于实现主处理器的安全监控及 Safety IO 的控制。

2）国内 VCU 介绍

国内市场上的整车控制器主要由一些高校和研究单位研发。其技术方案是通过微处理器的嵌入结构，编写控制软件代码，实现高效率驱动纯电动汽车的功能。它一般采集加速踏板、制动踏板、换挡位置、车速等信号，使用 CAN 总线与电机控制器和电池管理系统通信，实现对整车的管理与控制。

XL2000 型纯电动整车器汽车采用集中电机驱动方式，利用 CAN 通信总线连接各个控制节点。其整车控制器对采集到的模拟量、开关量以及其他控制单元反馈的数据进行综合处理，判断车辆行驶工况，从而控制电机以及其他部件协调工作，保证纯电动汽车的正常行驶。

5.1.3　直流快充系统的工作原理

1. 直流快充系统控制逻辑流程图

直流快充系统控制逻辑流程图如图 5-7 所示。

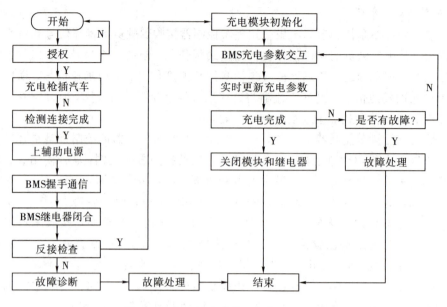

图 5-7　直流快充系统逻辑控制流程图

2. 直流快充系统的充电过程

直流快充系统的工作电路如图如图 5-8 所示。该电路由充电桩控制器、接触器（K_1、K_2、K_3、K_4、K_5、K_6）、电阻（R_1、R_2、R_3、R_4、R_5）、开关 S、非车载充电机和整车充电器组成。图中 K_1、K_2 为充电桩高压正、负继电器；K_3、K_4 为充电桩低压唤醒正、负继电器；K_5、K_6 为电池高压正、负继电器；检测点 CC1 提供充电桩检测快速插头与车辆连接状态识别信号；检测点 CC2 提供车辆控制器（VCU）检测快充插头与车辆连接状态识别信号。

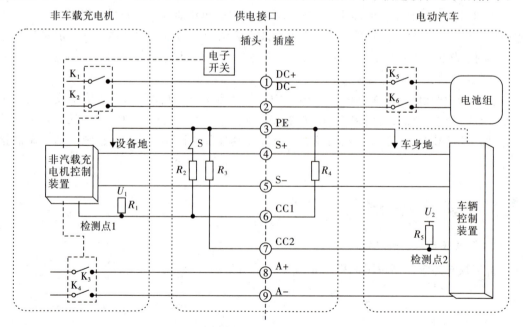

图 5-8　直流快充系统工作电路

当车辆处于直流充电模式时，直流充电机（在直流充电桩内）与电动汽车电池管理系统（BSM）进行通信，当通信连接确认无误后，BSM与直流充电机就电压、电流等参数进行交流。BSM将动力电池的充电需求通知直流充电机，直流充电机又将供电需求通知BSM，当两者通电正常并且符合充电要求时，直流充电机启动并输出电能对动力电池进行充电。当动力电池充满以后，通过数据端口通知直流充电机，直流充电机停止输出电能同时停止计费。

直流快充过程主要分为以下几个阶段：

（1）握手阶段。按下充电枪枪头按键，插入车辆插座，再放开枪头按键。直流供电设备通过CC1回路电压检测DC直流枪头是否插接良好，并提供低压辅助电源给整车供电激活，BMS、VCU上电工作；BMS通过CC2回路电压检测DC直流枪头是否插接良好（图5-8）。

图5-8中监测点1用于检测12 V—6 V—4 V的电平变化，一旦检测到规定的4 V电压时，充电桩将判断充电枪插入成功，如表5-2所示，直流充电桩即确认DC直流枪头插接良好，并将充电枪中的电子锁锁定，防止枪头脱落。

表5-2　检测点1的电压状态

检测点1的电压	S开关状态	枪头与座的状态
12 V	断开	断开
6 V	闭合	断开
6 V	断开	结合
4 V	闭合	结合

若无问题则开始周期性发送通信握手报文，闭合接触器K_1、K_2，输出绝缘检测电压，进行绝缘检测。充电桩与车辆连接可靠后，K_3、K_4继电器闭合，充电桩输出12 V低压唤醒电源到车辆控制器VCU，完成控制任务。

（2）参数配置阶段。在车辆接口完全连接后就可以开始进行绝缘检测，充电机和BMS进入参数配置阶段。充电机向BMS发送充电机最大输出能力的报文，BMS根据充电机最大输出能力判断是否能够进行充电。直流充电控制电路推荐参数如表5-3所示。

表5-3　直流充电控制电路推荐参数

对象	参数	符号	单位	标称值	最大值	最小值
直流快充桩	R_1等效电阻	R_1	Ω	1000	1030	970
	上拉电压	U_1	V	12	12.6	11.4
		U_{1a}	V	12	12.8	11.2
		U_{1b}	V	6	6.8	5.2
	检测点1电压	U_{1c}	V	4	4.8	3.2
车辆插头	R_2等效电阻	R_2	Ω	1000	1030	970
	R_3等效电阻	R_3	Ω	1000	1030	970
车辆插座	R_4等效电阻	R_4	Ω	1000	1030	970
电动汽车	R_5等效电阻	R_5	Ω	1000	1030	970
	上拉电压	U	V	12	11.4	11.4
	检测点2电压	U_{2a}	V	12	11.2	11.2
		U_{2b}	V	6	5.2	5.2

（3）充电阶段。充电配置完成后，充电机和 BMS 进入充电阶段。在整个充电阶段，BMS 实时向充电机发送电池充电需求，充电机会根据电池充电需求实时调整充电电压和充电电流以保证充电过程正常进行。在充电过程中，充电机和 BMS 相互发送各自的充电状态；除此之外，BMS 根据要求向充电机发送动力蓄电池具体状态信息及电压、温度等信息。单体动力电池电压（BMV）、动力蓄电池温度（BMT）、动力蓄电池预留（BSP）为可选报告，充电机不对其进行报文超时判定。

BMS 根据充电过程是否正常、电池状态是否达到 BMS 自身设定的要求、充电结束条件是否满足，以及是否收到充电机中止充电报文（包括具体中止原因、报文参数值全为 0 和不可信状态）来判断是否结束充电。充电机根据是否收到停止充电指令、充电过程是否正常、是否达到人为设定的充电参数值，或者是否收到 BMS 中止充电报文（包括具体中止原因、报文参数值全为 0 和不可信状态）来判断是否结束充电。

（4）充电结束阶段。车辆会根据 BMS 是否达到充满状态或是收到充电桩发来的"充电桩中止充电报文"来判断是否结束充电。当确认充电结束后，充电机和 BMS 进入充电结束阶段。在此阶段 BMS 向充电机发送整个充电过程中的充电统计数据，包括初始和终了时的电池 SOC、电池最低电压和最高电压。充电机收到 BMS 充电统计数据后，向 BMS 发送整个充电过程中输出电量、累计充电时间等信息，最后停止低压辅助电源的输出。充电结束后，当车辆控制装置判断动力电池已经充满时，会将该信息通过 S＋和 S－发送给充电桩，充电桩断开 K_1、K_2 接触器，同时车辆控制器断开 K_5、K_6 接触器，充电过程结束。

与交流充电一样，车辆快充系统也具有充电枪锁功能。充电枪插入充电接口后，只要驾驶员按下智能钥匙闭锁按钮，充电枪防盗功能将开启，此时充电枪无法拔出。如要拔出充电枪，需先按下智能钥匙解锁按钮，解锁充电枪。

5.1.4　直流充电操作注意事项

（1）禁止在充电过程中拔出充电枪。

（2）雨天禁止在露天充电，以免发生危险。

（3）充电完成后，充电口盖需锁紧，避免发生异常。

（4）BMS 上报严重故障时，严禁对电池系统充电。

（5）电池过度充电和放电都会降低其使用寿命，任何使用电池的产品都不能过度放电。

（6）要掌握正确的充电时间，电池不宜过充、过放；充电时要关掉车内电源；充电时避免充电插头发热。

（7）虽然电池组都设计有保护系统，但如果经常把车子开到"亮红灯"的情况，必定会影响电池组的寿命。

（8）养成经常充电的习惯，不要等电力过低时再去充。一般应在 SOC 低于 30％时进行充电，耗电过度容易影响电池寿命。

（9）纯电动汽车补充能源需要花费更长的时间，如果选择家庭充电桩充电，则需要近 8 h 才能充满电量，选择快速充电桩的话则需要 40 min 可以充满 80％。

◇ **练习题**

1. 简述直流快充系统的工作原理。
2. 简述更换快充线束步骤。
3. 简述直流充电桩的组成。

5.2 直流快充系统常见故障的检修

◇ **学习目标**

（1）熟悉直流快充系统电路图；

（2）掌握直流快充系统的故障诊断和排除方法；

（3）学会直流快充系统常见故障的处理方法。

◇ **学习准备**

新能源汽车一体化教室，配备如下实训设备、仪器仪表等。

（1）设备：纯电动吉利帝豪 EV450/北汽 EV200 汽车，汽车实验台、举升机、直流充电桩等。

（2）工量具及仪器设备：绝缘工具、绝缘手套、万用表、汽车专用万用表、汽车故障诊断仪等。

（3）辅助工具：二氧化碳灭火器、抹布、手电筒。

（4）其他材料：教材、课件、电动汽车使用手册等。

5.2.1 直流快充系统常见的故障

1. 直流快充系统正常工作条件

当车辆与充电桩成功连接后，VCU 通过 CC2 信号确认连接，快充接口把唤醒信号发送给 VCU，VCU 接收信号后唤醒 BMS 并输送信号到 BMS 继电器，使得接触器闭合，即可开始充电。正常快充需要满足以下条件：

（1）充电连接确认信号 CC1、CC2 正常；

（2）高低压线束连接正常；

（3）确保 VCU 供电、搭铁正常，VCU 无故障；

（4）CAN 通信正常；

（5）确保动力电池供电、搭铁正常，BMS 无故障，动力电池电压、电流、温度等正常；

（6）快充接口唤醒 VCU 信号正常，VCU 唤醒 BMS 信号正常；

（7）VCU 控制 BMS 继电器信号正常。

2. 直流快充系统常见故障现象

下面以北汽 EV150 车辆为例，介绍电动汽车在使用的过程中，直流快充系统的常见故障现象诊断与排除方法。

（1）充电桩显示车辆未连接。检查快充口 CC1 端与 PE 端是否有 1 kΩ 电阻；检查快充口导电层是否脱落；检查充电枪 CC2 与 PE 是否导通。

（2）动力电池继电器未闭合。检查充电桩输出正极唤醒信号是否正常；检查充电桩输出负极唤醒信号与 PE 是否导通；检查充电桩 CAN 通信是否正常。

（3）电池继电器能正常闭合，但无输出电流。检查充电桩与动力电池 BMS 软件版本是否匹配；检查高压连接器及线缆是否正确连接；用汽车故障诊断仪查看充电监控状态，以北汽新能源 EV 系列车辆为例，充电监控状态如表 5-4 所示。

表 5-4　充电监控状态表

名　　称	当前状态	名　　称	当前状态
动力电池充电请求	请求充电	动力电池加热状态	停止加热
动力电池加热状态	未加热	充电机当前充电状态	正在充电
动力电池当前充电状态	充电状态	充电机输出端电流	7.5A
动力电池允许最大充电电流	10.0 A	充电机输出端电压	335.30 V
动力电池加热电流请求值	6.0 A	充电机输出端过压保护故障	正常
动力电池允许最高充电电压	370.00 V	充电机输出端欠压保护故障	正常
剩余充电时间	0 min	充电机输出电流过流保护故障	正常
CHC 初始化状态	已完成	充电机过温保护故障	正常

（4）DC/DC 转换器不工作。检查连接器是否正常连接；检查高压熔断丝是否熔断；检查使能信号输入是否正常（12 V）。

（5）快充与车辆无法通信。检查唤醒线路保险丝是否损坏、搭铁点搭铁是否不良；检查快充枪、快充接口、快充线束、低压电器盒、整车控制器、低压控制是否插件等部件的针脚是否损坏、退针、烧蚀等；检查动力电池和数据采集终端快充 CAN 总线间的电阻是否异常等。

（6）快充与车辆通信正常，但无充电电流。检查快充继电器线路保险丝、主保险丝、低压电器盒、快充线束是否损坏；检查动力电池 BMS 快充唤醒是否失常等。

5.2.2　故障诊断思路

（1）对快充系统进行基本检查。首先对快充接口、快充线束、动力电池的连接情况进行检查，查看是否有元件烧蚀、损坏以及线路短路、断路情况发生。

（2）使用故障诊断仪读取故障代码。使用故障诊断仪读取故障代码及故障说明，并分析数据流，缩小故障范围。

（3）对于无法通信故障的排除思路。首先检查线路连接情况，然后检查快充系统各部件的低压辅助电源、连接确认信号以及快充 CAN 线路等的针脚情况、电压、电阻等是否符合要求。

（4）对于可以通信却没有充电电流故障的排除思路。汽车、充电桩可以通信，表示汽车无低压通信故障，首先检查高压供电线路的保险、线束、继电器等有无问题，然后检查动力电池连接插件的电压、动力电池 BMS 快充唤醒信号是否正常。

5.2.3　直流快充系统故障的检修

1. 快充桩与车辆无法通信故障的检修

（1）用故障诊断仪访问车载充电机，查看是否有 DTC，有则根据 DTC 提示进行维修。

（2）检查快充接口是否有烧蚀、损坏现象；检查各端子的导电圈是否脱落；检查充电插座和充电插头的连接是否松动。如出现异常，则进行修理。

（3）检查车辆软件版本，确保整车控制器（VCU）和动力电池管理系统（BMS）软件版本号为最新，快充测试连接良好。

（4）检查快充接口搭铁情况。如果快充接口 PE 端子与车身连接不良，可能会出现充电桩无法操作、无法与车辆通信的问题。测量快充接口 PE 端子与车身负极搭铁的阻值，应小于 0.5 Ω。如果阻值不符，则有可能是螺栓松动、接触面锈蚀、螺纹处油漆未处理干净等原因造成的。如果 PE 端子与搭铁线端子完全不导通，则应更换快充接口的线束，如图 5-9 所示。

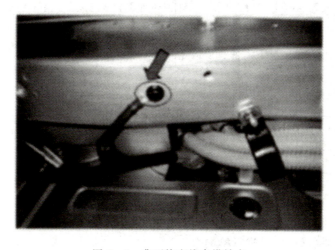

图 5-9　典型快充线束搭铁点

（5）测量快充接口 CC1 与 PE 端子之间的阻值是否为（1000±50）Ω，如果阻值与标准值不符，则更换快充线束；如正常，则继续进行下面的步骤。

（6）检测唤醒信号。

① 将车辆与快充桩连接好，测试充电唤醒信号是否正常。如果仪表未显示唤醒，则首先测量 BV21 插件 5 号端子是否有唤醒电压，如图 5-3 所示。如果无电压，则应断开充电枪，在点火开关处于关闭状态下，检查快充线束端子有无退针、锈蚀、接触不实等现象；检测 BV21 到 BV20 插件线束是否正常，发现问题须及时修复。

② 如果线束端子没有问题，则测量快充接口 SO83 接口 5 号端子到 CA70 插件 4 号端子是否导通。如不导通则进行分段测量，并更换相关线束；如导通则继续进行下一步骤。

③ 根据电路图 5-10，继续测量 CA69 插件 4 号端子、3 号端子到 CA66 插件 8 号端子、7 号端子是否导通，如不导通则应检查并修复线束，在不能有效修复的情况下需要更换线束。

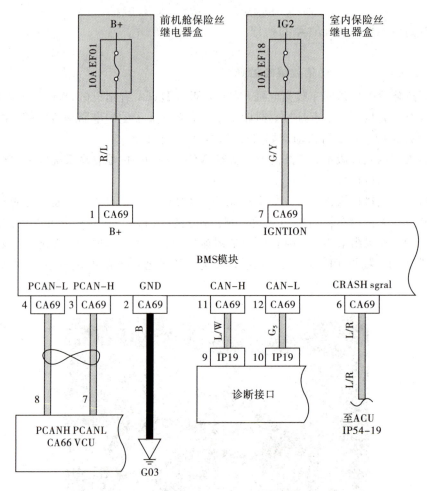

图 5 - 10　VCU 和 BMS 连接的电路简图

（7）检测确认信号。检查完快充唤醒信号及相关线束都正常，若车辆仍旧不能通信，则需要对车辆端连接确认信号进行检测。

① 测量快充接口（CC2）端子与快充线束的 BV21 接口 2 号端子是否导通。如不导通则检查有无退针，必要时修复，无法修复则更换快充线束；如导通则继续对低压电机线束进行检测。

② 测量 SO83 插件 2 号端子与 BMS 的 CA70 插件 3 号端子间的阻值，应小于 0.5 Ω，如不符合标准，则对线束进行检查并修复，不能有效修复则更换。

（8）检查通信线路。对车辆进行快充测试，如不能通信则继续检测。关闭点火开关，测量快充接口 CAN - H、CAN - L 端子间的阻值是否为（60±5）Ω，如果阻值不符，则根据电路图检查相关电路。

① 测量快充接口 4 号端子和快充线束 BV21 接口 3 号端子是否导通，如果不导通，则更换快充线束

② 测量快充接口 5 号端子和快充线束 BV21 接口 4 号端子是否导通，如果不导通，则更换快充线束。

③ 测量 SO83 接口 3 号端子和 4 号端子之间的阻值是否为（60±5）Ω，如果不符合，则

根据电路图继续检测。

④ 测量 SO83 接口 3 号端子、4 号端子分别与动力电池 BMS CA70 插件 1 号端子、2 号端子之间的电阻值（应小于 0.5 Ω），如不符合标准，则检查插件端子有无锈蚀或虚接现象，有则对线束进行修复，无法修复的更换线束总成。

⑤ 测量诊断接口 CAN 总线间的电阻值，如果不在（60±5）Ω 范围内，根据快充 CAN 总线所涉及的终端电阻和线束走向进行检查。CAN 总线上，分别在数据采集终端和动力电池管理系统之间并联，2 个终端电阻并联后的电阻值应是 60 Ω。

⑥ 测量数据采集终端 20 芯插件 A 的 1、2 端子之间的电阻值，应为（120±5）Ω，如不符合则需要更换数据采集终端；符合则进入下一步骤。

（9）测量快充接口 A－号端子的接地情况。测量快充接口 A－号端子与车身负极之间的电阻值，应小于 0.5 Ω；如果阻值不符，则按照如下步骤进行检测：

① 检查 BV21 插件与 SO83 插件是否有退针、虚接现象，用专用端子测试工具进行测试，看端子是否有母端连接过松现象。

② 检查动力电池低压线束的搭铁点有无螺栓松动、接触面锈蚀、螺纹处油漆未处理干净等问题。

③ 测量动力电池 BMS 的 CA70 插件 5 号端子和搭铁端子之间的电阻值，应小于 0.5 Ω，如测量值与标准不符则检查线束并修复，如不能有效修复则更换低压电机线束。

2. 充电桩与车辆典型故障的检修

充电桩与车辆可以进行通信，但充电电流为 0 A，该故障的检测与排除流程如下：

（1）检查充电枪与充电接口的连接是否松动，充电接口、导电接口是否有烧蚀、损坏现象，有则进行修复。

（2）用故障诊断仪读取故障码，查看是否有 DTC，有则根据 DTC 提示进行维修。快充故障部分故障代码及说明如表 5－5 所示。

表 5－5　快充故障部分故障代码及说明

故障码	故 障 说 明
P15E094	充电故障：快充异常，终止充电
P159D－01	充电故障：快充设备故障
P159C－00	快充预充失败
P15D2－94	整车非期望的整车停止充电
P15D3－83	充电机与 BMS 功率不匹配，无法充电

（3）检查快充线束通断。

① 测量 BV20 插件 1 号端子到 BV23 插件 1 号端子之间的电阻值，应小于 1 Ω，否则修复线束或者更换线束；

② 测量 BV20 插件 2 号端子到 B23 插件 2 号端子之间的电阻值，应小于 1 Ω，否则修复线束或者更换线束。

（4）测量 BV23 插件端子电压。快充桩显示充电电压，但没有充电电流，在确保安全的情况下，测量动力电池端 BV23 插件 1 号端子和 2 号端子之间的电压值，应与动力电池电压值保持一致。如没有电压，则检查 BMS 工作状态。

（5）检查 BMS 电源状态。启动开关使电源模式至 ON 状态，测量 BMS 线束连接器 CA69 的 1 号、7 号端子对车身接地的电压值，将测得电压值和标准电压值（11～14 V）进行比较，若电压值异常，则对供电线路进行进一步的检测和维修。

（6）检查 BMS 接地状态。测量 BMS 线束连接器 CA69 的 2 号端子与车身接地之间的电阻值，和标准电阻值（小于 1 Ω）进行比较。若电阻值不正常，则修理或者更换 BMS 接地线束，正常则继续进行下一步骤。

（7）检查 BMS。更换 BMS，启动开关使电源模式至 ON 状态，检查 BMS 功能是否正常。如 BMS 工作正常，则证明原本故障是由 BMS 内部故障造成的，则维修或者更换 BMS。

5.3　国内外电动车无线充电技术发展现状

随着电动汽车的发展和普及，世界各国纷纷研制对新能源电动汽车进行无线能量传输的设备和技术，实现电动汽车的无线充电。无线充电具有安全性高、使用便捷、易于安装等优点。无线充电桩采用分散布局方式，以减小对电网的压力，可使电动车充电无须固定场所，自由度更高。

1. 无线充电的原理

无线充电的原理是通过近场感应，由无线充电设备将能量传导到充电终端设备，终端设备再将接收到的能量转化为电能存储在设备的电池中，如图 5-11 所示。能量传导采用的原理是电感耦合，可以保证无外露的导电接口，不仅省去设备间杂乱的传输线，对于诸如电动牙刷等经常与液体等导电介质接触的电子设备也更加安全。目前无线充电主要有电磁感应式无线充电、磁场共振式无线充电、无线电波式无线充电三种形式。

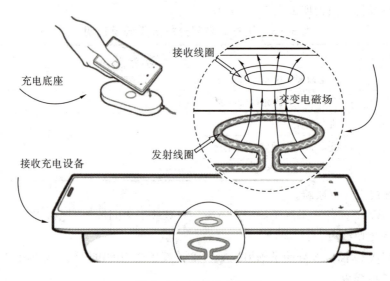

图 5-11　无线充电原理

2. 国家标准

2020 年 4 月 28 日国家标准化管理委员会发布了 GB/T 38775—2020 系列电动汽车无

线充电四项国家标准，包括《电动汽车无线充电系统第 1 部分：通用要求》（GB/T 38775.1—2020）、《电动汽车无线充电系统第 2 部分：车载充电机与充电设备之间的通信协议》（GB/T 38775.2—2020）、《电动汽车无线充电系统第 3 部分：特殊要求》（GB/T 38775.3—2020）、《电动汽车无线充电系统第 4 部分：电磁环境限值与测试方法》（GB/T 38775.4—2020）。该标准于 2020 年 11 月 1 日正式实行，虽然目前国内市场还没有一款支持无线充电的量产车型，但标准的出台标志着有行业标准可循，相信在不久的将来，电动汽车无线充电会日益普及。

3. 国内外发展现状

从国外车企来看，特斯拉、沃尔沃、奥迪、宝马、奔驰等传统汽车都已经开始研发或测试旗下电动车的无线充电系统。

目前国内从事电动汽车无线充电的企业有华为、中兴新能源、中惠创智及其他技术公司和科研院校。上汽荣威、比亚迪、北汽新能源等主流车企也都对电动汽车无线充电系统进行了研发测试。如中兴新能源等多家无线充电技术领域领先者共同参与，一同进行标准编制。这次国家标准的制定将为电动汽车无线充电技术提供导向作用，并加强行业管理与指导，进一步推动无线充电桩的普及和应用，助力新能源汽车步入无线充电的时代。

4. 典型案例

（1）特斯拉无线充电系统。特斯拉为 Modle S 推出的大功率无线充电系统 Plugless Power 的充电功率可达 7.2 kW。每小时为 Model S 充入的电量可以提供 32 km 的续航里程。这套系统为电磁感应式，被设计成了类似扫地机器人的模块形状。使用时车主需将车辆停在该无线充电模块上，此时固定在地面的无线充电模块和车内加装的约 16 kg 的无线充电模块接收端便可以开始工作，为 Model S 充入电能。

（2）沃尔沃无线充电系统。沃尔沃无线充电系统的充电站包括地面上的充电器与安装在车身底盘上的感应装置。该系统使用线圈制造电磁场进行充电。通过在一辆 88.2 kW 的电动版 C30 实际测试中显示，采用无线充电技术的电动车充电时间可以缩短至最小 2.5 h，利用无线充电技术的充电时间比有线充电的时间大为缩减。

（3）奥迪无线充电系统。奥迪采用可升降的感应式无线充电系统，其原理是充电板内的交变磁场将交变电流感应至集成在车内次级线圈的空气层中，实现电网电流逆向并输入到车辆的大功率无线充电系统中。充电时间与电缆充电所需的充电时间大致相同，当电池组充满电时，充电将自动中止。用户可以随时中断充电并使用车辆。

奥迪电动汽车驶入车位后即可自动开始充电，充电技术效率超过 90%，而且不受雨雪或结冰等天气因素的影响。因交变磁场只有当车辆在充电板上方时才会进行充电，因此不会对人体或动物构成伤害。若在公路上设有感应线圈，则可以一边行驶一边充电。

（4）宝马无线充电系统。宝马在 2017 年首次展示了无线充电功能，然后一年后在德国试行。宝马无线充电系统包括可安装在车库或室外停车位的感应充电基板和固定在车辆底部的车辆感应线圈。充电基板和感应线圈之间的非接触式能量传输可在 8 cm 左右的距离内进行。其原理是：充电基板生成磁场，车载感应线圈感应电流，从而为高压电池充电。宝马无线充电系统能产生电磁场，将电力从底座传输至车辆底座。该充电系统功率为 3.2 kW，530eiPerformance 插电式混动汽车可在 3.5 h 内完成充电。

　　（5）中兴无线充电系统。中兴通讯的无线充电系统是大功率充电系统，通过非接触的电磁感应方式进行电力传输。当充电车辆在大功率无线充电停车位停下后，就能自动通过无线接入大功率无线充电场的通信网络，建立起地面系统和车载系统的通信链路，可完成车辆鉴权和其他相关信息交换。充电位也可以通过有线或无线的方式和云服务中心进行互联。一旦出现充电和受电的任何隐患，地面充电模块将立即停止充电并报警，确保充电过程安全可靠。最重要的是，大功率无线充电系统在车辆运行时完全不工作，即使车辆在上面驶过，或者在雷雨等恶劣天气情况下，也能确保安全。

　　中兴大功率无线充电系统具有 4 个方面的优势：充电不占场地，全自动无人值守，不增加车辆自身重量，良好的电池保护功能。一辆车充满电量需要 5～6 h，一次充电车辆可以运营 200 km 以上。

◇ 练习题

　　1. 简述快充系统的唤醒过程。
　　2. 简述快充线束绝缘的检测方法。
　　3. 简述无线充电的原理。

新能源汽车实训指导（整车）

附录1

实训一　电动汽车的认识和基本操作

1. 实训要求

（1）认识新能源汽车的类型、特点和主要参数；

（2）认识车辆（吉利帝豪 EV450 或北汽 EV200）铭牌信息和车辆参数；

（3）了解车型（吉利帝豪 EV450 或北汽 EV200）主要零部件的位置，并说出作用；

（4）掌握启动、行驶及灭火操作；

（5）培养科学的态度，能够分工协作，注意安全防护，可独立完成任务。

2. 实训准备

（1）防护装备，实训着装；

（2）实训用车：吉利帝豪 EV450 或北汽 EV200 车型；

（3）专用修车工具；

（4）手工常用工具。

3. 实训内容

（1）查找新能源汽车主要零部件位置，并说出作用；

（2）学习了解新能源汽车高压上电、行驶和下电的基本操作。

4. 实训步骤

（1）查找新能源汽车主要零部件位置，并说出作用。

步骤 1：找出低压蓄电池。

位置：＿＿＿＿＿＿＿＿＿＿＿＿＿＿＿＿＿＿＿＿＿＿＿＿＿＿＿＿＿＿＿

型号：＿＿＿＿＿＿＿＿＿＿＿＿＿＿＿＿＿＿＿＿＿＿＿＿＿＿＿＿＿＿＿

完成情况：＿＿＿＿＿＿＿＿＿＿＿＿＿＿＿＿＿＿＿＿＿＿＿＿＿＿＿＿＿

未完成原因：＿＿＿＿＿＿＿＿＿＿＿＿＿＿＿＿＿＿＿＿＿＿＿＿＿＿＿＿

步骤 2：找出电机控制器。

位置：＿＿＿＿＿＿＿＿＿＿＿＿＿＿＿＿＿＿＿＿＿＿＿＿＿＿＿＿＿＿＿

型号：＿＿＿＿＿＿＿＿＿＿＿＿＿＿＿＿＿＿＿＿＿＿＿＿＿＿＿＿＿＿＿

完成情况：＿＿＿＿＿＿＿＿＿＿＿＿＿＿＿＿＿＿＿＿＿＿＿＿＿＿＿＿＿

未完成原因：＿＿＿＿＿＿＿＿＿＿＿＿＿＿＿＿＿＿＿＿＿＿＿＿＿＿＿＿

步骤 3：找出车载充电机。

位置：_____

型号：_____

完成情况：_____

未完成原因：_____

步骤4：找出整车控制器（VCU）。

位置：_____

型号：_____

完成情况：_____

未完成原因：_____

步骤5：找出 PTC 加热器。

位置：_____

完成情况：_____

未完成原因：_____

步骤6：找出驱动电机。

位置：_____

电动机型号：_____

额定功率：_____

完成情况：_____

未完成原因：_____

步骤7：找出动力电池位置，并记录信息。

位置：_____

电池类型：_____

额定容量：_____

完成情况：_____

未完成原因：_____

步骤8：找出空调压缩机。

位置：_____

型号：_____

完成情况：_____

未完成原因：_____

步骤9：找出制动真空泵。

位置：_____

型号：_____

完成情况：_____

未完成原因：_____

（2）车辆（EV450/ EV200）基本操作：高压上电、行驶和下电。

步骤1：打开智能钥匙解锁开关，进入车内操作。

完成情况：_____

未完成原因：_____

步骤2：检查仪表工作状况，是否出现故障指示灯亮，如有则记录。

指示灯：_____

完成情况：_____

未完成原因：_____

步骤3：踩住制动踏板，按下点火开关。

完成情况：_____

未完成原因：_____

步骤4：检查仪表指示灯是否显示 REDAY，如有则完成高压上电。

完成情况：_____

未完成原因：_____

步骤5：踩住制动踏板，换挡杆置于 D 挡位置，放开手刹，轻踩加速踏板，车辆前行。

完成情况：_____

未完成原因：_____

步骤6：踩住制动踏板，换挡杆置于 R 挡位置，放开手刹，轻踩加速踏板，车辆后退。

完成情况：_____

未完成原因：_____

步骤7：踩住制动踏板，换挡杆置于 P 挡位置，拉上手刹，按下启动按钮，观察仪表是否下电。

完成情况：_____

未完成原因：_____

5. 实训报告

实训时间：_____

学生姓名：_____　实训小组成员：_____

成绩评定：_____　指导教师签名：_____

实训总结：_____

_____

实训二　高压元件识别和安全防护

1. 实训要求

（1）掌握个人防护用品的使用方法；

（2）掌握电动汽车高压禁用方法；

（3）掌握高压元件的警示标志含义；

（4）培养科学的态度，能够分工协作，注意安全防护，可独立完成任务。

2. 实训准备

（1）实训用车：吉利帝豪 EV450 或北汽 EV200 车型；

（2）防护装备：绝缘鞋、绝缘手套、护目镜、防护服；

（3）专用修车工具：万用表、灭火器等；

（4）手工常用工具；

（5）辅助材料。

3. 实训内容

（1）根据实训场地个人安全防护设备的类型，练习使用个人安全防护设备，并学会如何正确自检安全防护设备。

（2）熟悉高压元件位置、车辆（EV450/ EV200）高压元件识别和安全防护方法。

4. 实训步骤

熟悉车辆高压元件位置、高压元件识别和安全防护方法。

步骤1：查找车辆铭牌，记录参数。

名称：＿＿＿＿＿＿＿＿＿＿＿＿＿＿＿＿＿＿＿＿＿＿＿＿＿＿

VIN：＿＿＿＿＿＿＿＿＿＿＿＿＿＿＿＿＿＿＿＿＿＿＿＿＿＿

动力电池额定电压：＿＿＿＿＿＿＿＿＿＿＿＿＿＿＿＿＿＿＿＿

动力电池额定容量：＿＿＿＿＿＿＿＿＿＿＿＿＿＿＿＿＿＿＿＿

驱动电机额定功率：＿＿＿＿＿＿＿＿＿＿＿＿＿＿＿＿＿＿＿＿

完成情况：＿＿＿＿＿＿＿＿＿＿＿＿＿＿＿＿＿＿＿＿＿＿＿＿

未完成原因：＿＿＿＿＿＿＿＿＿＿＿＿＿＿＿＿＿＿＿＿＿＿＿

步骤2：打开智能钥匙解锁开关，进入车内，拉开前舱盖拉锁。

完成情况：＿＿＿＿＿＿＿＿＿＿＿＿＿＿＿＿＿＿＿＿＿＿＿＿

未完成原因：＿＿＿＿＿＿＿＿＿＿＿＿＿＿＿＿＿＿＿＿＿＿＿

步骤3：戴好绝缘手套，打开前机舱盖，断开低压蓄电池负极并包扎好。

蓄电池位置：＿＿＿＿＿＿＿＿＿＿＿＿＿＿＿＿＿＿＿＿＿＿＿

蓄电池电压：＿＿＿＿＿＿＿＿＿＿＿＿＿＿＿＿＿＿＿＿＿＿＿

完成情况：＿＿＿＿＿＿＿＿＿＿＿＿＿＿＿＿＿＿＿＿＿＿＿＿

未完成原因：＿＿＿＿＿＿＿＿＿＿＿＿＿＿＿＿＿＿＿＿＿＿＿

步骤4：找出车载充电机，断开动力电池连接端子。

位置：＿＿＿＿＿＿＿＿＿＿＿＿＿＿＿＿＿＿＿＿＿＿＿＿＿＿

功能：＿＿＿＿＿＿＿＿＿＿＿＿＿＿＿＿＿＿＿＿＿＿＿＿＿＿

警示标志含义：＿＿＿＿＿＿＿＿＿＿＿＿＿＿＿＿＿＿＿＿＿＿

完成情况：＿＿＿＿＿＿＿＿＿＿＿＿＿＿＿＿＿＿＿＿＿＿＿＿

未完成原因：＿＿＿＿＿＿＿＿＿＿＿＿＿＿＿＿＿＿＿＿＿＿＿

步骤5：找出电机控制器。

位置：＿＿＿＿＿＿＿＿＿＿＿＿＿＿＿＿＿＿＿＿＿＿＿＿＿＿

功能：＿＿＿＿＿＿＿＿＿＿＿＿＿＿＿＿＿＿＿＿＿＿＿＿＿＿

警示标志含义：＿＿＿＿＿＿＿＿＿＿＿＿＿＿＿＿＿＿＿＿＿＿

完成情况：＿＿＿＿＿＿＿＿＿＿＿＿＿＿＿＿＿＿＿＿＿＿＿＿

未完成原因：＿＿＿＿＿＿＿＿＿＿＿＿＿＿＿＿＿＿＿＿＿＿＿

步骤6：找出 PTC 加热器。

位置：＿＿＿＿＿＿＿＿＿＿＿＿＿＿＿＿＿＿＿＿＿＿＿＿＿＿

功能：_____

警示标志含义：_____

完成情况：_____

未完成原因：_____

步骤 7：找出驱动电机。

位置：_____

功能：_____

警示标志含义：_____

型号：_____

主要参数：_____

完成情况：_____

未完成原因：_____

步骤 8：找出动力电池。

位置：_____

功能：_____

警示标志含义：_____

型号：_____

完成情况：_____

未完成原因：_____

步骤 9：找出空调压缩机。

位置：_____

功能：_____

警示标志含义：_____

型号：_____

完成情况：_____

未完成原因：_____

步骤 10：打开快、慢充电口盖。

警示标志含义：_____

快充插座位置及针脚数：_____

慢充插座位置及针脚数：_____

完成情况：_____

未完成原因：_____

步骤 11：恢复车辆原状，检查车辆技术状况。

仪表显示：_____

上电状况：_____

完成情况：_____

未完成原因：_____

步骤 12：5S 现场操作。

完成情况：_____

未完成原因：_____

5. 实训报告

实训时间：_____

学生姓名：_____　　实训小组成员：_____

成绩评定：_____　　指导教师签名：_____

实训总结：_____

_____

实训三　高压安全防护与高压元件检测

1. 实训要求

（1）掌握个人防护用品的检查和使用方法；

（2）掌握电动汽车高压禁用方法；

（3）掌握电动汽车检测工具的使用方法；

（4）认识 EV450 或 EV200 交流充电的组成；

（5）认识 EV450 或 EV200 直流充电的组成；

（6）认识 EV450 或 EV200 低压充电的组成；

（7）正确掌握万用表的使用方法；

（8）培养科学的态度，能够分工协作，注意安全防护，可独立完成任务。

2. 实训准备

（1）实训用车：吉利帝豪 EV450 或北汽 EV200 车型；

（2）防护装备：绝缘鞋、绝缘手套、护目镜、防护服；

（3）专用修车工具：万用表、灭火器等；

（4）手工常用工具；

（5）辅助材料。

3. 实训内容

（1）根据实训场地个人安全防护设备的类型，练习使用个人安全防护设备，并学会如何正确自检安全防护设备。

（2）防护工具佩戴、车辆（EV450/ EV200）高压禁用操作及高压部件绝缘检测。

4. 实训步骤

（1）防护工具检查已佩戴。

步骤 1：检查或穿戴防护服、绝缘鞋、绝缘帽。

绝缘电压等级：_____

外观检查：_____

穿戴检查：_____

完成情况：_____

未完成原因：_____

步骤 2：设置隔离带和隔离标志。

完成情况：＿＿＿＿＿＿＿＿＿＿＿＿＿＿＿＿＿＿＿＿＿＿＿＿＿＿＿＿＿＿＿＿＿

未完成原因：＿＿＿＿＿＿＿＿＿＿＿＿＿＿＿＿＿＿＿＿＿＿＿＿＿＿＿＿＿＿＿

步骤3：检查灭火器。

灭火器型号：＿＿＿＿＿＿＿＿＿＿＿＿＿＿＿＿＿＿＿＿＿＿＿＿＿＿＿＿＿＿＿

有效日期：＿＿＿＿＿＿＿＿＿＿＿＿＿＿＿＿＿＿＿＿＿＿＿＿＿＿＿＿＿＿＿＿

完成情况：＿＿＿＿＿＿＿＿＿＿＿＿＿＿＿＿＿＿＿＿＿＿＿＿＿＿＿＿＿＿＿＿＿

未完成原因：＿＿＿＿＿＿＿＿＿＿＿＿＿＿＿＿＿＿＿＿＿＿＿＿＿＿＿＿＿＿＿

步骤4：检查绝缘工具。

绝缘等级：＿＿＿＿＿＿＿＿＿＿＿＿＿＿＿＿＿＿＿＿＿＿＿＿＿＿＿＿＿＿＿＿

情缘外观：＿＿＿＿＿＿＿＿＿＿＿＿＿＿＿＿＿＿＿＿＿＿＿＿＿＿＿＿＿＿＿＿

完成情况：＿＿＿＿＿＿＿＿＿＿＿＿＿＿＿＿＿＿＿＿＿＿＿＿＿＿＿＿＿＿＿＿＿

未完成原因：＿＿＿＿＿＿＿＿＿＿＿＿＿＿＿＿＿＿＿＿＿＿＿＿＿＿＿＿＿＿＿

步骤5：检查测量仪器。

万用表测量等级：＿＿＿＿＿＿＿＿＿＿＿＿＿＿＿＿＿＿＿＿＿＿＿＿＿＿＿＿＿

电流表测量等级：＿＿＿＿＿＿＿＿＿＿＿＿＿＿＿＿＿＿＿＿＿＿＿＿＿＿＿＿＿

完成情况：＿＿＿＿＿＿＿＿＿＿＿＿＿＿＿＿＿＿＿＿＿＿＿＿＿＿＿＿＿＿＿＿＿

未完成原因：＿＿＿＿＿＿＿＿＿＿＿＿＿＿＿＿＿＿＿＿＿＿＿＿＿＿＿＿＿＿＿

步骤6：检查和佩戴绝缘手套、防护眼镜。

手套密封性检查：＿＿＿＿＿＿＿＿＿＿＿＿＿＿＿＿＿＿＿＿＿＿＿＿＿＿＿＿＿

手套绝缘电压检查：＿＿＿＿＿＿＿＿＿＿＿＿＿＿＿＿＿＿＿＿＿＿＿＿＿＿＿＿

眼镜外观检查：＿＿＿＿＿＿＿＿＿＿＿＿＿＿＿＿＿＿＿＿＿＿＿＿＿＿＿＿＿＿

完成情况：＿＿＿＿＿＿＿＿＿＿＿＿＿＿＿＿＿＿＿＿＿＿＿＿＿＿＿＿＿＿＿＿＿

未完成原因：＿＿＿＿＿＿＿＿＿＿＿＿＿＿＿＿＿＿＿＿＿＿＿＿＿＿＿＿＿＿＿

（2）高压禁用操作及高压部件绝缘检测。

步骤1：打开智能钥匙解锁开关，进入车内，拉开前舱盖拉锁。

完成情况：＿＿＿＿＿＿＿＿＿＿＿＿＿＿＿＿＿＿＿＿＿＿＿＿＿＿＿＿＿＿＿＿＿

未完成原因：＿＿＿＿＿＿＿＿＿＿＿＿＿＿＿＿＿＿＿＿＿＿＿＿＿＿＿＿＿＿＿

步骤2：打开前机舱盖，断开低压蓄电池负极，并包扎好。

蓄电池位置：＿＿＿＿＿＿＿＿＿＿＿＿＿＿＿＿＿＿＿＿＿＿＿＿＿＿＿＿＿＿＿

蓄电池电压：＿＿＿＿＿＿＿＿＿＿＿＿＿＿＿＿＿＿＿＿＿＿＿＿＿＿＿＿＿＿＿

完成情况：＿＿＿＿＿＿＿＿＿＿＿＿＿＿＿＿＿＿＿＿＿＿＿＿＿＿＿＿＿＿＿＿＿

未完成原因：＿＿＿＿＿＿＿＿＿＿＿＿＿＿＿＿＿＿＿＿＿＿＿＿＿＿＿＿＿＿＿

步骤3：断开与动力电池相连接的插头 B17(EV450)。

插头位置：＿＿＿＿＿＿＿＿＿＿＿＿＿＿＿＿＿＿＿＿＿＿＿＿＿＿＿＿＿＿＿＿

保存锁址方式：＿＿＿＿＿＿＿＿＿＿＿＿＿＿＿＿＿＿＿＿＿＿＿＿＿＿＿＿＿＿

完成情况：＿＿＿＿＿＿＿＿＿＿＿＿＿＿＿＿＿＿＿＿＿＿＿＿＿＿＿＿＿＿＿＿＿

未完成原因：＿＿＿＿＿＿＿＿＿＿＿＿＿＿＿＿＿＿＿＿＿＿＿＿＿＿＿＿＿＿＿

步骤4：拆下各高压线电缆插头，用万用表检查绝缘性能。

绝缘表电压挡选择：＿＿＿＿＿＿＿＿＿＿＿＿＿＿＿＿＿＿＿＿＿＿＿＿＿＿＿＿

慢充线绝缘值是否合格：_____

电机线绝缘值是否合格：_____

压缩机线绝缘值是否合格：_____

PTC绝缘值是否合格：_____

电池动力母线绝缘值是否合格：_____

完成情况：_____

未完成原因：_____

步骤5：恢复车辆原貌，检查技术状态。

仪表显示：_____

上电状态：_____

完成情况：_____

未完成原因：_____

5. 实训报告

实训时间：_____

学生姓名：_____　　实训小组成员：_____

成绩评定：_____　　指导教师签名：_____

实训总结：_____

_____

实训四　新能源汽车充电操作步骤

1. 实训要求

（1）能区分快、慢充电插座；

（2）能正确打开和关闭充电口，并会正确使用充电枪；

（3）会正确读取仪表充电显示值；

（4）能正确使用防护装备和绝缘工具；

（5）能正确拆装车载充电机；

（6）掌握车载充电机拆装注意事项；

（7）能正确使用汽车故障诊断仪、万用表；

（8）培养科学的态度，能够分工协作，注意安全防护，可独立完成任务。

2. 实训准备

（1）实训用车：吉利帝豪EV450或北汽EV200车型；

（2）防护装备：绝缘鞋、绝缘手套、护目镜、穿绝缘着装；

（3）专用修车工具：汽车故障诊断仪、万用表、灭火器等；

（4）手工常用工具；

（5）辅助材料。

3. 实训内容

（1）汽车故障诊断仪的正确使用；

（2）充电操作步骤；

（3）充电枪的正确使用和拆装。

4. 实训步骤

（1）学习汽车故障诊断仪的使用。

步骤1：找到OBD插头，连接解码器。

完成情况：_____

未完成原因：_____

步骤2：车辆接通上电，检查解码器和蓝牙之间的连接情况。

解码器显示状态：_____

完成情况：_____

未完成原因：_____

步骤3：打开解码器，进入工作界面，选择车型。

完成情况：_____

未完成原因：_____

步骤4：读取故障码。

故障代码：_____

代码含义：_____

完成情况：_____

未完成原因：_____

步骤5：清除历史故障码后再次读取故障码。

故障代码：_____

代码含义：_____

完成情况：_____

未完成原因：_____

步骤6：读取与故障相关的数据流。

故障代码：_____

代码含义：_____

完成情况：_____

未完成原因：_____

步骤7：排故障后再次读码，确认无故障。

完成情况：_____

未完成原因：_____

步骤8：退出解码器，恢复车辆原貌，检查仪表显示。

仪表显示：_____

完成情况：_____

未完成原因：_____

步骤9：5S实施。

完成情况：_____

未完成原因：_____

（2）新能源汽车充电操作步骤。

步骤 1：将电动汽车开入停车位。

充电桩型号：_____

输入电压：_____

输出电压：_____

完成情况：_____

未完成原因：_____

步骤 2：关闭上电开关。

完成情况：_____

未完成原因：_____

步骤 3：打开充电口保护盖。

检查充电口是否正常：_____

完成情况：_____

未完成原因：_____

步骤 4：从充电桩取下充电枪。

检查充电枪是否正常：_____

完成情况：_____

未完成原因：_____

步骤 5：将充电枪插入充电口。

选择充电模式：_____

完成情况：_____

未完成原因：_____

步骤 6：观察车辆仪表充电状态。

充电过程仪表显示是否正常：_____

完成情况：_____

未完成原因：_____

步骤 7：充电结束，按下充电枪按钮，拔出充电枪。

电量显示情况：_____

续航里程数：_____

完成情况：_____

未完成原因：_____

步骤 8：关上车辆充电口保护盖。

检查保护盖是否盖好：_____

完成情况：_____

未完成原因：_____

步骤 9：关上充电口盖。

检查充电口关闭情况：_____

完成情况：_____

未完成原因：_____

步骤10：将充电枪插入充电桩。

检查充电枪插入是否完好、可靠：_____

完成情况：_____

未完成原因：_____

5. 实训报告

实训时间：_____

学生姓名：_____　　实训小组成员：_____

成绩评定：_____　　指导教师签名：_____

实训总结：_____

_____

实训五　新能源汽车车载充电机的拆装

1. 实训要求

（1）会查阅维修手册；

（2）能正确使用防护装备或绝缘工具；

（3）能正确拆装车载充电机；

（4）掌握车载充电机的拆装注意事项。

2. 实训准备

（1）实训用车：吉利帝豪 EV450 或北汽 EV200 车型；

（2）防护装备：绝缘鞋、绝缘手套、护目镜、防护服；

（3）专用修车工具：汽车故障诊断仪、万用表、灭火器等；

（4）手工常用工具；

（5）辅助材料。

3. 实训内容

（1）新能源汽车车载充电机的拆卸步骤；

（2）新能源汽车车载充电机的安装步骤。

4. 实训步骤

（1）新能源汽车车载充电机的拆卸步骤。

步骤1：将车辆停入专用工位，车辆下电，拉好手刹，做好安全检查及防护，拉好警戒线。

车辆类型：_____

VIN 码查询车辆信息：_____

完成情况：_____

未完成原因：_____

步骤2：打开机舱盖，断开 12 V 蓄电池负极连线，等待 5 min。

蓄电池电压：_____

完成情况：_____

未完成原因：_____

步骤3：断开车载充电机直流母线，戴上绝缘手套，用万用表测量直流母线，其正、负极电压值应低于1 V。

直流母线电压：_____

完成情况：_____

未完成原因：_____

步骤4：排放冷却液，打开冷却液膨胀罐总成盖，断开散热器出水管，排放和回收冷却液。

排放冷却液注意事项：_____

完成情况：_____

未完成原因：_____

步骤5：断开车载充电机各线缆连接头，断开水管接头。

检查各连接头：_____

完成情况：_____

未完成原因：_____

步骤6：拆卸分线盒、电机控制器、高压线束连接器固定螺栓，拆卸充电机、搭铁线并取下车载充电机。

选用工具：_____

完成情况：_____

未完成原因：_____

（2）新能源汽车充电机的安装步骤。

步骤1：放置车载充电机，紧固车载充电机固定螺栓，紧固车载充电机搭铁线线束。

固定好螺栓：_____

完成情况：_____

未完成原因：_____

步骤2：检查各连接器接触是否良好，连接车载充电机各连接头。

安装连接头注意事项：_____

完成情况：_____

未完成原因：_____

步骤3：加注冷却液。

冷却液型号：_____

冷却液数量：_____

完成情况：_____

未完成原因：_____

步骤4：检查直流母线接触是否良好，连接车载充电器直流母线。

母线绝缘值：_____

完成情况：_____

未完成原因：_____

步骤 5：连接 12 V 蓄电池负极，检查蓄电池正、负接线柱接触是否良好。

蓄电池电压：_____

完成情况：_____

未完成原因：_____

步骤 6：检查车辆上电及充电状态。

准备指示灯是否亮：_____

充电指示灯是否正常：_____

充电电压：_____

完成情况：_____

未完成原因：_____

步骤 7：恢复整车工位。

完成情况：_____

未完成原因：_____

5. 实训报告

实训时间：_____

学生姓名：_____　　实训小组成员：_____

成绩评定：_____　　指导教师签名：_____

实训总结：_____

_____

实训六　交流慢充电系统的基本操作

1. 实训要求

(1) 能在(EV450/EV200)车辆上找到慢充系统零部件，并能正确断开和连接各个连接器；

(2) 能指出 EV450/EV200 车辆的交流充电电流回路；

(3) 能够进行交流充电操作；

(4) 培养科学的态度，能够分工协作，注重安全防护，可独立完成任务。

2. 实训准备

(1) 实训用车：吉利帝豪 EV450 或北汽 EV200 车型；

(2) 防护装备：绝缘鞋、绝缘手套、护目镜、防护服；

(3) 专用修车工具：汽车故障诊断仪、万用表、灭火器等；

(4) 手工常用工具；

(5) 辅助材料。

3. 实训内容

(1) 指出(EV450/EV200)交流慢充系统零部件的位置，并说出其作用；

(2) 交流慢充充电基本操作。

4. 实训步骤

（1）指出交流慢充电系统零部件的位置，并说出其作用。

步骤1：进行作业区域隔离和安全防护。

完成情况：＿＿＿＿＿＿＿＿＿＿＿＿＿＿＿＿＿＿＿＿＿＿＿＿＿＿＿＿＿＿

未完成原因：＿＿＿＿＿＿＿＿＿＿＿＿＿＿＿＿＿＿＿＿＿＿＿＿＿＿＿＿＿

步骤2：打开机舱，进行高压操作。

完成情况：＿＿＿＿＿＿＿＿＿＿＿＿＿＿＿＿＿＿＿＿＿＿＿＿＿＿＿＿＿＿

未完成原因：＿＿＿＿＿＿＿＿＿＿＿＿＿＿＿＿＿＿＿＿＿＿＿＿＿＿＿＿＿

步骤3：以EV450为例，找到交流慢充系统车载充电机相关连接器，并指出连接器连接线束的流向。

BV17：＿＿＿＿＿＿＿＿＿＿＿＿＿＿；BV27：＿＿＿＿＿＿＿＿＿＿＿＿＿

BV10：＿＿＿＿＿＿＿＿＿＿＿＿＿＿；BV27：＿＿＿＿＿＿＿＿＿＿＿＿＿

BV33：＿＿＿＿＿＿＿＿＿＿＿＿＿＿

完成情况：＿＿＿＿＿＿＿＿＿＿＿＿＿＿＿＿＿＿＿＿＿＿＿＿＿＿＿＿＿＿

未完成原因：＿＿＿＿＿＿＿＿＿＿＿＿＿＿＿＿＿＿＿＿＿＿＿＿＿＿＿＿＿

步骤4：断开车载充电机相关连接器。

完成情况：＿＿＿＿＿＿＿＿＿＿＿＿＿＿＿＿＿＿＿＿＿＿＿＿＿＿＿＿＿＿

未完成原因：＿＿＿＿＿＿＿＿＿＿＿＿＿＿＿＿＿＿＿＿＿＿＿＿＿＿＿＿＿

步骤5：打开交流慢充口，指出各管脚名称及功能。

完成情况：＿＿＿＿＿＿＿＿＿＿＿＿＿＿＿＿＿＿＿＿＿＿＿＿＿＿＿＿＿＿

未完成原因：＿＿＿＿＿＿＿＿＿＿＿＿＿＿＿＿＿＿＿＿＿＿＿＿＿＿＿＿＿

步骤6：找出动力电池组，断开连接器，说出各连接器的管脚名称和连接关系（EV450车型）。

BV16：＿＿＿＿＿＿＿＿＿＿＿＿＿＿；BV23：＿＿＿＿＿＿＿＿＿＿＿＿＿

BV69：＿＿＿＿＿＿＿＿＿＿＿＿＿＿；BV70：＿＿＿＿＿＿＿＿＿＿＿＿＿

完成情况：＿＿＿＿＿＿＿＿＿＿＿＿＿＿＿＿＿＿＿＿＿＿＿＿＿＿＿＿＿＿

未完成原因：＿＿＿＿＿＿＿＿＿＿＿＿＿＿＿＿＿＿＿＿＿＿＿＿＿＿＿＿＿

步骤7：正确连接各接插件，进行高压上电，检查车辆状况。

仪表显示：＿＿＿＿＿＿＿＿＿＿＿＿＿＿＿＿＿＿＿＿＿＿＿＿＿＿＿＿＿＿

完成情况：＿＿＿＿＿＿＿＿＿＿＿＿＿＿＿＿＿＿＿＿＿＿＿＿＿＿＿＿＿＿

未完成原因：＿＿＿＿＿＿＿＿＿＿＿＿＿＿＿＿＿＿＿＿＿＿＿＿＿＿＿＿＿

（2）交流慢充充电基本操作。

步骤1：打开智能钥匙解锁开关，进入车内。

完成情况：＿＿＿＿＿＿＿＿＿＿＿＿＿＿＿＿＿＿＿＿＿＿＿＿＿＿＿＿＿＿

未完成原因：＿＿＿＿＿＿＿＿＿＿＿＿＿＿＿＿＿＿＿＿＿＿＿＿＿＿＿＿＿

步骤2：检查仪表工作状况，是否有故障指示灯亮，如有请记录。

指示灯：＿＿＿＿＿＿＿＿＿＿＿＿＿＿＿＿＿＿＿＿＿＿＿＿＿＿＿＿＿＿＿

记录可行驶里程：＿＿＿＿＿＿＿＿＿＿＿＿＿＿＿＿＿＿＿＿＿＿＿＿＿＿＿

完成情况：＿＿＿＿＿＿＿＿＿＿＿＿＿＿＿＿＿＿＿＿＿＿＿＿＿＿＿＿＿＿

未完成原因：_____

步骤 3：检查交流充电桩，连接充电枪。

充电桩电压：_____

充电桩电流：_____

完成情况：_____

未完成原因：_____

步骤 4：打开慢充口盖，取下罩盖，检查充电座。

完成情况：_____

未完成原因：_____

步骤 5：将交流充电枪插入充电座，观察充电指示灯是否正常。

充电指示灯：_____

充电电流：_____

完成情况：_____

未完成原因：_____

步骤 6：停止充电，取出充电枪，盖好交流充电盖。

完成情况：_____

未完成原因：_____

5. 实训报告

实训时间：_____

学生姓名：_____　　实训小组成员：_____

成绩评定：_____　　指导教师签名：_____

实训总结：_____

_____

实训七　交流慢充电线束的更换

1. 实训要求

（1）能找到慢充系统的所有零部件；

（2）能进行高压断电操作；

（3）能独立完成脉冲高压线束的检查和更换；

（4）培养科学的态度，能够分工协作，注意安全防护，可独立完成任务。

2. 实训准备

（1）实训用车：吉利帝豪 EV450 或北汽 EV200 车型；

（2）防护装备：绝缘鞋、绝缘手套、护目镜、防护服；

（3）专用修车工具：汽车故障诊断仪、万用表、灭火器等；

（4）手工常用工具；

（5）辅助材料。

3. 实训内容

（1）交流慢充系统高压线束的拆卸；

（2）交流慢充系统高压线束的安装。

4. 实训步骤

（1）交流慢充系统高压线束的拆卸。

步骤1：穿戴护用品，做好场地安全警示和车辆防护。

完成情况：＿＿＿＿＿＿＿＿＿＿＿＿＿＿＿＿＿＿＿＿＿＿＿＿＿＿＿＿＿＿＿

未完成原因：＿＿＿＿＿＿＿＿＿＿＿＿＿＿＿＿＿＿＿＿＿＿＿＿＿＿＿＿＿＿

步骤2：断开蓄电池负极并包扎好。

完成情况：＿＿＿＿＿＿＿＿＿＿＿＿＿＿＿＿＿＿＿＿＿＿＿＿＿＿＿＿＿＿＿

未完成原因：＿＿＿＿＿＿＿＿＿＿＿＿＿＿＿＿＿＿＿＿＿＿＿＿＿＿＿＿＿＿

步骤3：断开交流充电机OBC动力母线BV17，用万用表进行验电测试，并包扎好连接器。

完成情况：＿＿＿＿＿＿＿＿＿＿＿＿＿＿＿＿＿＿＿＿＿＿＿＿＿＿＿＿＿＿＿

未完成原因：＿＿＿＿＿＿＿＿＿＿＿＿＿＿＿＿＿＿＿＿＿＿＿＿＿＿＿＿＿＿

步骤4：拆卸左前轮及轮罩板。

完成情况：＿＿＿＿＿＿＿＿＿＿＿＿＿＿＿＿＿＿＿＿＿＿＿＿＿＿＿＿＿＿＿

未完成原因：＿＿＿＿＿＿＿＿＿＿＿＿＿＿＿＿＿＿＿＿＿＿＿＿＿＿＿＿＿＿

步骤5：断开交流充电线束与充电机的连接插座。

完成情况：＿＿＿＿＿＿＿＿＿＿＿＿＿＿＿＿＿＿＿＿＿＿＿＿＿＿＿＿＿＿＿

未完成原因：＿＿＿＿＿＿＿＿＿＿＿＿＿＿＿＿＿＿＿＿＿＿＿＿＿＿＿＿＿＿

步骤6：断开交流充电线束卡扣。

完成情况：＿＿＿＿＿＿＿＿＿＿＿＿＿＿＿＿＿＿＿＿＿＿＿＿＿＿＿＿＿＿＿

未完成原因：＿＿＿＿＿＿＿＿＿＿＿＿＿＿＿＿＿＿＿＿＿＿＿＿＿＿＿＿＿＿

步骤7：断开交流充电枪锁，解锁拉线卡口。

完成情况：＿＿＿＿＿＿＿＿＿＿＿＿＿＿＿＿＿＿＿＿＿＿＿＿＿＿＿＿＿＿＿

未完成原因：＿＿＿＿＿＿＿＿＿＿＿＿＿＿＿＿＿＿＿＿＿＿＿＿＿＿＿＿＿＿

步骤8：断开充电插座，充电口线束连接器。

完成情况：＿＿＿＿＿＿＿＿＿＿＿＿＿＿＿＿＿＿＿＿＿＿＿＿＿＿＿＿＿＿＿

未完成原因：＿＿＿＿＿＿＿＿＿＿＿＿＿＿＿＿＿＿＿＿＿＿＿＿＿＿＿＿＿＿

步骤9：拆卸交流充电口盖螺钉，打开卡口，取出插座口盖。

完成情况：＿＿＿＿＿＿＿＿＿＿＿＿＿＿＿＿＿＿＿＿＿＿＿＿＿＿＿＿＿＿＿

未完成原因：＿＿＿＿＿＿＿＿＿＿＿＿＿＿＿＿＿＿＿＿＿＿＿＿＿＿＿＿＿＿

步骤10：拆卸充电插座固定螺栓，取出充电插座总成及高压线束。

完成情况：＿＿＿＿＿＿＿＿＿＿＿＿＿＿＿＿＿＿＿＿＿＿＿＿＿＿＿＿＿＿＿

未完成原因：＿＿＿＿＿＿＿＿＿＿＿＿＿＿＿＿＿＿＿＿＿＿＿＿＿＿＿＿＿＿

（2）交流慢充系统高压线束的安装。

步骤1：检查线束和插座是否符合要求，放入交流充电插座总成，紧固插座螺钉。

完成情况：＿＿＿＿＿＿＿＿＿＿＿＿＿＿＿＿＿＿＿＿＿＿＿＿＿＿＿＿＿＿＿

未完成原因：＿＿＿＿＿＿＿＿＿＿＿＿＿＿＿＿＿＿＿＿＿＿＿＿＿＿＿＿＿＿

步骤2：连接交流充电线束连接器和充电口盖线束连接器。

完成情况：_____

未完成原因：_____

步骤3：安装高压线束及锁止拉线卡扣。

完成情况：_____

未完成原因：_____

步骤4：连接交流充电高压线束连接器。

完成情况：_____

未完成原因：_____

步骤5：安装左前轮及轮罩板。

完成情况：_____

未完成原因：_____

步骤6：连接高压母线插接器BV17。

完成情况：_____

未完成原因：_____

步骤7：连接蓄电池负极，检查车辆上电情况。

完成情况：_____

未完成原因：_____

步骤8：对车辆进行充电验证。

充电电流：_____

完成情况：_____

未完成原因：_____

步骤9：进行现场5S操作。

完成情况：_____

未完成原因：_____

5. 实训报告

实训时间：_____

学生姓名：_____　实训小组成员：_____

成绩评定：_____　指导教师签名：_____

实训总结：_____

_____

实训八　交流充电系统无法充电故障的检修

1. 实训要求

（1）会连接故障诊断仪，并读取故障代码或数据流；

（2）能够建立起清晰的故障诊断思路；

（3）能够熟练完成零件线束的检测；

（4）能够完成常见故障的排除。

2. 实训准备

(1) 实训用车：吉利帝豪 EV450 或北汽 EV200 车型；

(2) 防护装备：绝缘鞋、绝缘手套、护目镜、防护服；

(3) 专用修车工具：汽车故障诊断仪、万用表、灭火器等；

(4) 手工常用工具；

(5) 辅助材料。

3. 实训内容

(1) 完成故障现象验证及故障诊断仪的连接；

(2) 写出故障诊断思路并进行基本检查。

4. 实训步骤

(1) 故障现象验证及故障诊断仪的连接。

步骤 1：启动车辆，观仪表盘的状态，记录指示灯的状况。

完成情况：_____

未完成原因：_____

步骤 2：插入交流充电枪，观察仪表盘的状态。

仪表盘状态：_____

完成情况：_____

未完成原因：_____

步骤 3：连接故障诊断仪。

完成情况：_____

未完成原因：_____

步骤 4：读取故障代码及数据流。

故障代码：_____

故障说明：_____

完成情况：_____

未完成原因：_____

(2) 写出故障诊断思路并进行基本检查。

步骤 1：确定故障诊断范围。

元件：_____

线束：_____

完成情况：_____

未完成原因：_____

步骤 2：检查交流慢充电接口的情况。

慢充电口是否正常：_____

完成情况：_____

未完成原因：_____

步骤 3：对交流充电系统相关零件、线束的外观和安装状态进行检查。

零件状况：_____

完成情况：_____

未完成原因：_____

步骤4：检查蓄电池电压。

电压：_____

是否正常：_____

完成情况：_____

未完成原因：_____

（3）部件/电路测试。

步骤1：检测相关保险丝。

保险是编号：_____

是否正常：_____

完成情况：_____

未完成原因：_____

步骤2：检测供电电路。

供电电路名称：_____

是否正常：_____

完成情况：_____

未完成原因：_____

步骤3：检测接地线路。

接地线路名称：_____

是否正常：_____

完成情况：_____

未完成原因：_____

步骤4：检测通信线路。

通信线路名称：_____

是否正常：_____

完成情况：_____

未完成原因：_____

步骤5：确定故障点。

故障点：_____

完成情况：_____

未完成原因：_____

5. 实训报告

实训时间：_____

学生姓名：_____　　实训小组成员：_____

成绩评定：_____　　指导教师签名：_____

实训总结：_____

_____

实训九 直流快充充电操作与拆装

1. 实训要求

(1) 能在 EV450/EV200 车辆上找到快充系统的零部件，并能正确断开和连接各个插接器；

(2) 能指出 EV450/EV200 汽车直流充电电流的回路；

(3) 能够进行直流充电操作；

(4) 培养科学的态度，能够分工协作，注意安全防护，可独立完成任务。

2. 实训准备

(1) 实训用车(吉利 EV450 或北汽 EV200)车型；

(2) 防护装备：绝缘鞋、绝缘手套、护目镜、穿绝缘着装；

(3) 专用修车工具：汽车故障诊断仪、万用表、灭火器等；

(4) 手工常用工具；

(5) 辅助材料。

3. 实训内容

(1) 指出 EV450/EV200 直流快充电系统零部件的位置，并说出作用；

(2) 直流快充充电基本操作；

(3) 直流快充线束的拆卸；

(4) 直流快充线束的安装。

4. 实训步骤

(1) 指出直流快充电系统零部件的位置，并说出作用。

步骤 1：做好作业区域隔离和安全防护。

完成情况：＿＿＿＿＿＿＿＿＿＿＿＿＿＿＿＿＿＿＿＿＿＿＿＿＿＿＿＿＿＿

未完成原因：＿＿＿＿＿＿＿＿＿＿＿＿＿＿＿＿＿＿＿＿＿＿＿＿＿＿＿＿

步骤 2：打开机舱，进行高压禁用操作。

完成情况：＿＿＿＿＿＿＿＿＿＿＿＿＿＿＿＿＿＿＿＿＿＿＿＿＿＿＿＿＿＿

未完成原因：＿＿＿＿＿＿＿＿＿＿＿＿＿＿＿＿＿＿＿＿＿＿＿＿＿＿＿＿

步骤 3：找到直流快充系统相关连接器，并指出连接器连接线束的去向(EV450 车型)。

BV20：＿＿＿＿＿＿＿＿＿＿＿＿＿＿　　BV21：＿＿＿＿＿＿＿＿＿＿＿＿＿＿

BV23：＿＿＿＿＿＿＿＿＿＿＿＿＿＿　　CA69：＿＿＿＿＿＿＿＿＿＿＿＿＿＿

CA70：＿＿＿＿＿＿＿＿＿＿＿＿＿＿

完成情况：＿＿＿＿＿＿＿＿＿＿＿＿＿＿＿＿＿＿＿＿＿＿＿＿＿＿＿＿＿＿

未完成原因：＿＿＿＿＿＿＿＿＿＿＿＿＿＿＿＿＿＿＿＿＿＿＿＿＿＿＿＿

步骤 4：打开直流快充接口，指出其各管脚名称及功能。

完成情况：＿＿＿＿＿＿＿＿＿＿＿＿＿＿＿＿＿＿＿＿＿＿＿＿＿＿＿＿＿＿

未完成原因：＿＿＿＿＿＿＿＿＿＿＿＿＿＿＿＿＿＿＿＿＿＿＿＿＿＿＿＿

步骤 5：断开直流快充线束 BV23、CA60、CA70 插件，测量快充线束的绝缘性(EV450

车型）。

完成情况：_____

未完成原因：_____

步骤6：正确连接各接插件，进行高压上电，检查车辆状况。

仪表显示：_____

完成情况：_____

未完成原因：_____

（2）直流快充充电基本操作。

步骤1：打开智能钥匙解锁开关，进入车内。

完成情况：_____

未完成原因：_____

步骤2：检查仪表工作状况，是否有故障指示灯亮，如有请记录。

指示灯：_____

记录可行驶里程：_____

完成情况：_____

未完成原因：_____

步骤3：检查直流充电桩，连接充电枪。

充电桩电压：_____

充电桩电流：_____

完成情况：_____

未完成原因：_____

步骤4：打开快充口盖，取下罩盖，检查充电座。

完成情况：_____

未完成原因：_____

步骤5：将直流充电枪插入充电座，观察充电指示灯是否正常。

充电指示灯：_____

充电电流：_____

完成情况：_____

未完成原因：_____

步骤6：停止充电，取出充电枪，盖好交流充电盖。

完成情况：_____

未完成原因：_____

（3）直流快充线束的拆卸。

步骤1：检查穿戴防护用品，做好场地安全警示和车辆防护。

完成情况：_____

未完成原因：_____

步骤2：断开蓄电池负极并包扎好。

完成情况：_____

未完成原因：_____

步骤3：断开交流充电机OBC上的动力母线BV17，用万用表检查BV17端口信号，并包好插接件。

完成情况：_____

未完成原因：_____

步骤4：拆卸左后轮及轮罩板。

完成情况：_____

未完成原因：_____

步骤5：断开动力电池上的直流充电高压线束连接器BV23。

完成情况：_____

未完成原因：_____

步骤6：拆卸直流充电高压线束支架的固定螺栓、螺母，脱离直流充电高压线束支架。

完成情况：_____

未完成原因：_____

步骤7：拆卸动力电池左防撞梁螺栓，脱离直流充电高压线束固定线卡。

完成情况：_____

未完成原因：_____

步骤8：脱离直流充电高压线束的4个固定线卡。

完成情况：_____

未完成原因：_____

步骤9：拆卸左轮直流充电高压线束支架的固定螺栓和固定线卡。

完成情况：_____

未完成原因：_____

步骤10：断开直流充电插座低压线束连接器SO83。

完成情况：_____

未完成原因：_____

步骤11：拆卸直流充电插座搭铁线束的固定螺栓，脱开搭铁线束（黄色）。

完成情况：_____

未完成原因：_____

步骤12：拆卸直流充电插座的4个固定螺栓，取出直流充电插座盖。

完成情况：_____

未完成原因：_____

步骤13：断开直流充电插座总成。

完成情况：_____

未完成原因：_____

（4）直流快充线束的安装。

步骤1：检查线束的绝缘，检查线束、插座接触是否良好。

完成情况：_____

未完成原因：_____

步骤2：放置直流插座充电总成，紧固插座的4个固定螺丝。

完成情况：＿＿＿＿＿＿＿＿＿＿＿＿＿＿＿＿＿＿＿＿＿＿＿＿＿＿＿

未完成原因：＿＿＿＿＿＿＿＿＿＿＿＿＿＿＿＿＿＿＿＿＿＿＿＿＿＿

步骤3：连接直流充电插座线束连接器SO83，紧固直流充电插座搭铁线束的固定螺栓。

完成情况：＿＿＿＿＿＿＿＿＿＿＿＿＿＿＿＿＿＿＿＿＿＿＿＿＿＿＿

未完成原因：＿＿＿＿＿＿＿＿＿＿＿＿＿＿＿＿＿＿＿＿＿＿＿＿＿＿

步骤4：安装高压线束支架紧固螺栓。

完成情况：＿＿＿＿＿＿＿＿＿＿＿＿＿＿＿＿＿＿＿＿＿＿＿＿＿＿＿

未完成原因：＿＿＿＿＿＿＿＿＿＿＿＿＿＿＿＿＿＿＿＿＿＿＿＿＿＿

步骤5：安装直流充电高压线束，扣好卡扣。

完成情况：＿＿＿＿＿＿＿＿＿＿＿＿＿＿＿＿＿＿＿＿＿＿＿＿＿＿＿

未完成原因：＿＿＿＿＿＿＿＿＿＿＿＿＿＿＿＿＿＿＿＿＿＿＿＿＿＿

步骤6：安装紧固直流充电高压线束防撞梁支架及其他线束支架。

完成情况：＿＿＿＿＿＿＿＿＿＿＿＿＿＿＿＿＿＿＿＿＿＿＿＿＿＿＿

未完成原因：＿＿＿＿＿＿＿＿＿＿＿＿＿＿＿＿＿＿＿＿＿＿＿＿＿＿

步骤7：安装直流充电高压线束连接器SO23。

完成情况：＿＿＿＿＿＿＿＿＿＿＿＿＿＿＿＿＿＿＿＿＿＿＿＿＿＿＿

未完成原因：＿＿＿＿＿＿＿＿＿＿＿＿＿＿＿＿＿＿＿＿＿＿＿＿＿＿

步骤8：安装左前轮及轮罩板。

完成情况：＿＿＿＿＿＿＿＿＿＿＿＿＿＿＿＿＿＿＿＿＿＿＿＿＿＿＿

未完成原因：＿＿＿＿＿＿＿＿＿＿＿＿＿＿＿＿＿＿＿＿＿＿＿＿＿＿

步骤9：连接车载充电机高压母线连接器BV17。

完成情况：＿＿＿＿＿＿＿＿＿＿＿＿＿＿＿＿＿＿＿＿＿＿＿＿＿＿＿

未完成原因：＿＿＿＿＿＿＿＿＿＿＿＿＿＿＿＿＿＿＿＿＿＿＿＿＿＿

步骤10：连接蓄电池负极，检查车辆上电情况。

完成情况：＿＿＿＿＿＿＿＿＿＿＿＿＿＿＿＿＿＿＿＿＿＿＿＿＿＿＿

未完成原因：＿＿＿＿＿＿＿＿＿＿＿＿＿＿＿＿＿＿＿＿＿＿＿＿＿＿

步骤11：对车辆进行直流充电，检查充电状况。

完成情况：＿＿＿＿＿＿＿＿＿＿＿＿＿＿＿＿＿＿＿＿＿＿＿＿＿＿＿

未完成原因：＿＿＿＿＿＿＿＿＿＿＿＿＿＿＿＿＿＿＿＿＿＿＿＿＿＿

步骤12：进行5S操作。

完成情况：＿＿＿＿＿＿＿＿＿＿＿＿＿＿＿＿＿＿＿＿＿＿＿＿＿＿＿

未完成原因：＿＿＿＿＿＿＿＿＿＿＿＿＿＿＿＿＿＿＿＿＿＿＿＿＿＿

5. 实训报告

实训时间：＿＿＿＿＿＿＿＿＿

学生姓名：＿＿＿＿＿＿＿＿＿　　实训小组成员：＿＿＿＿＿＿＿＿＿

成绩评定：＿＿＿＿＿＿＿＿＿　　指导教师签名：＿＿＿＿＿＿＿＿＿

实训总结：＿＿＿＿＿＿＿＿＿＿＿＿＿＿＿＿＿＿＿＿＿＿＿＿＿＿＿

＿＿＿＿＿＿＿＿＿＿＿＿＿＿＿＿＿＿＿＿＿＿＿＿＿＿＿＿＿＿＿＿＿

实训十 直流充电系统常见故障检修

1. 实训要求

（1）会连接故障诊断仪，会读取故障代码和数据流；

（2）能建立起清晰的故障诊断思路；

（3）能熟练完成零件和线束的检测；

（4）能独立完成常见故障的排除。

2. 实训准备

（1）实训用车：吉利帝豪 EV450 或北汽 EV200 车型；

（2）防护装备：绝缘鞋、绝缘手套、护目镜、防护服；

（3）专用修车工具：汽车故障诊断仪、万用表、灭火器等；

（4）手工常用工具；

（5）辅助材料。

3. 实训内容

（1）验证直流故障现象；

（2）写出故障诊断思路并进行基本检查；

（3）进行部件/电路测试；

（4）完成故障排除。

4. 实训步骤

（1）直流故障现象验证。

步骤 1：启动车辆，观仪器盘的状态，记录指示灯的状况。

完成情况：_____

未完成原因：_____

步骤 2：插入直流充电枪，观察仪表盘状态。

仪表盘状态：_____

完成情况：_____

未完成原因：_____

步骤 3：连接故障诊断仪，确定车牌和车型。

完成情况：_____

未完成原因：_____

步骤 4：读取故障代码及数据流。

故障代码：_____

故障说明：_____

完成情况：_____

未完成原因：_____

（2）写出故障诊断思路及基本检查。

步骤 1：查阅电路图，确定故障诊断范围和元器件。

元件：_____

线束：_____

完成情况：_____

未完成原因：_____

步骤2：检查直流快充接口。

快充接口是否正常：_____

完成情况：_____

未完成原因：_____

步骤3：对直流充电系统相关零件、高低压线束及连接器进行检查。

零件状况：_____

完成情况：_____

未完成原因：_____

（3）部件/电路测试。

步骤1：检测相关保险丝。

保险是编号：_____

是否正常：_____

完成情况：_____

未完成原因：_____

步骤2：检测供电电路。

供电电路名称：_____

是否正常：_____

完成情况：_____

未完成原因：_____

步骤3：检测接地线路。

接地线路名称：_____

是否正常：_____

完成情况：_____

未完成原因：_____

步骤4：检测通信线路。

通信线路名称：_____

是否正常：_____

完成情况：_____

未完成原因：_____

步骤5：检测高压线束。

高压线束名称1：_____

高压线束名称2：_____

高压线束名称3：_____

高压线束名称4：_____

完成情况：_____

未完成原因：_____

步骤 6：确定故障点。

故障点：_____

完成情况：_____

未完成原因：_____

（4）故障排除。

步骤 1：确定维修方法。

元器件是否更换：_____

线路是否更换：_____

完成情况：_____

未完成原因：_____

步骤 2：用解码器读取故障，确认无故障码。

完成情况：_____

未完成原因：_____

步骤 3：插入电枪充电，确认故障排除。

完成情况：_____

未完成原因：_____

步骤 4：进行现场 5S 操作。

完成情况：_____

未完成原因：_____

5. 实训报告

实训时间：_____

学生姓名：_____   实训小组成员：_____

成绩评定：_____   指导教师签名：_____

实训总结：_____

_____

新能源充电设施安装与维护

职业技能等级标准

（2021 年 1.0 版）

前　　言
1 范围…………
2 规范性引用文件…………
3 术语和定义…………
4 适用院校专业…………
5 择面向职业岗位（群）…………
6 职业技能要求：
参考文献…………

 6　职业技能要求

6.1　职业技能等级划分

新能源充电设施安装与维护职业技能等级分为三个等级：初级、中级、高级，三个级别依次递进，高级别涵盖低级别职业技能要求。

【新能源充电设施安装与维护】（初级）：根据充电桩的安全操作规范，具有充电桩安装基础技术，能够完成充电操作及充电机安全操作、电池安装及更换操作，能够完成直流充电桩和交流充电桩的安装，具备现场勘查、基础施工、底层维护能力。

【新能源充电设施安装与维护】（中级）：根据工作任务的要求，具有充电桩安装基础技术，对充电技术、通信技术有较高认识，能依据充电装置工作原理以及充电桩（站）的通信技术等完成充电桩的安装、调试以及充电桩的维护和故障处理，具备高压安全防护、对充电设施及充电系统维护与故障排除的能力

【新能源充电设施安装与维护】（高级）：根据业务需求，具有充电站安全管理及安全防护能力，能依据相关技术指标对充电桩进行测试及系统调试，并能对充电设施高压配电侧、低压配电侧以及充电系统进行巡检，具备充电设施规划、管理、系统分析及对中、低级进行技术培训能力。

6.2　职业技能等级要求描述

附表1　新能源充电设施安装与维护职业技能等级要求（初级）

工作领域	工作任务	职业技能要求
1. 安全防护与基础工具操作	1.1 安全防护	1.1.1 能正确使用消防器材 1.1.2 能正确使用安全用电防护用具 1.1.3 能正确进行人工呼吸和心肺复苏 1.1.4 能有效识别充电设施潜在危险，能对风险进行客观评估和评定并加以控制
	1.2 安全作业与事故处理	1.2.1 能根据单手作业原则进行安全作业 1.2.2 能根据双手作业原则进行安全作业 1.2.3 能根据现场情况，正确使用现场警告方法、现场通风方法 1.2.4 能对电气作业时的触电事故、燃烧事故、爆炸事故、灼伤事故、中毒事故进行处理
	1.3 基础工具操作	1.3.1 能正确使用电工刀、剥线钳、压线钳、尖嘴钳等制备导线工具 1.3.2 能正确使用各种螺丝刀、扳手、电钻、电锤、电镐等安装工具 1.3.3 能正确使用低压测电笔、万用表、钳形表、兆欧表、接地电阻仪等测量仪器
2. 直流充电桩桩体安装	2.1 充电桩配件材料选用	2.1.1 能进行常用管材及套管支撑材料的选择和使用 2.1.2 能进行常用绝缘材料的选择和使用 2.1.3 能进行电缆的选型与敷设 2.1.4 能进行电源插座的选型与安装 2.1.5 能进行电源线的选配、冷压接线端子的选配和压接
	2.2 设备检测与安装	2.2.1 能根据设计和要求的防护等级，对柜体底部和基础的交界处进行密封 2.2.2 能正确进行电气元件的检测和安装 2.2.3 能正确进行线束连接及线束间绝缘电阻测试 2.2.4 能将安装后的充电桩电气接线和施工方案的电气设计图进行比对、复检
	2.3 充电桩操作与完工交接	2.3.1 能根据充电桩基本操作流程、注意事项操作充电桩 2.3.2 能够向客户演示充电流程及充电桩功能 2.3.3 能正确填写施工任务单，并与客户确认，完成交接
3. 交流充电桩桩体安装	3.1 安装方案策划	3.1.1 能正确确定相线的线径及接地线的线径 3.1.2 能根据外部环境确定外部走线槽/线管的材料 3.1.3 能正确确定配电箱的材料和 IP 等级 3.1.4 能正确确定所有配电箱内部的零部件和相关配件
	3.2 桩体检查	3.2.1 能根据安装步骤拆除桩体外包装，打开交流充电桩 3.2.2 会检查交流充电桩外观油漆粗糙度、桩体内外的整洁度 3.2.3 能根据要求检查门轴、门锁的牢固性和灵活性以及桩体的平稳度
	3.3 设备安装	3.3.1 能根据电气元件使用要求检查充电桩内各类配件的性能 3.3.2 能根据规范正确安装漏电保护模块、浪涌保护器模块、电能表等电气元件 3.3.3 能根据使用要求进行线束、数据线的选用与检测 3.3.4 能正确使用电路图进行规范接线作业

续表

工作领域	工作任务	职 业 技 能 要 求
4. 充电桩安装	4.1 充电桩安装施工准备	4.1.1 能按照管路明配工艺流程，对钢管进行检查，根据图纸切断钢管，并能根据需要对钢管进行弯曲 4.1.2 能按照管路暗敷设工艺流程固定暗配管 4.1.3 能进行管、盒跨地接线，能根据管内穿线的工艺流程进行穿线 4.1.4 能对管线进行防腐处理，能根据电缆敷设的工艺流程敷设电缆
	4.2 直流充电桩安装前准备	4.2.1 能识读操作说明书、安装要求 4.2.2 能按照其技术要求严格选择安装地点 4.2.3 能在混凝土浇注上开电缆槽 4.2.4 能按要求浇注槽钢
	4.3 直流充电桩设备安装	4.3.1 能按照钻孔模板要求，在水泥基座上钻孔，安装好膨胀螺栓 4.3.2 能将充电桩体对准孔，放在基座上，用螺栓打进锁死 4.3.3 能按照步骤，将预埋在桩体地基内的三相电缆接到桩体的输入端
	4.4 交流充电桩安装前准备	4.4.1 能识读操作说明书、安装要求 4.4.2 能根据设计施工图要求找出充电桩的位置，能够按照充电桩的外形尺寸进行测量放线定位，校核预埋件的标高、中心线 4.4.3 能按照充电桩安装要求检查充电桩内配线的绞接现象、导线连接情况、开关动作的灵活情况 4.4.4 能按照充电桩的安装说明检查安装地点
	4.5 落地式交流充电桩安装	4.5.1 能根据安装步骤拆除桩体外包装，打开交流充电桩后门 4.5.2 能将进线电缆引入桩体内，并将交流充电桩通过地脚螺丝固定在水泥地基上 4.5.3 能将电缆按接线图连接，并关闭 4.5.4 能清洁安装现场与桩体，并用封火泥封堵桩体下部进线孔
	4.6 壁挂式交流充电桩安装	4.6.1 能根据安装说明拆除充电桩外包装、充电桩底盘、充电桩挂壁架 4.6.2 能将挂壁架安装于墙面，并将充电桩挂装于挂壁架上 4.6.3 能将进线电缆穿过底盖按接线图接入充电桩，并将底座安装回位
5. 充电设施操作	5.1 充电员充电操作	5.1.1 能根据不同车型使用不同型号的充电机 5.1.2 能在充电前对电池电压情况进行测量，充电过程中能够及时检测电池电压变化过程 5.1.3 能在充电结束后，按流程做好相关工作
	5.2 电池安装及更换操作	5.2.1 能按要求完成电池安装前的配组工作 5.2.2 能在更换电池前，按要求检查电池状态，或根据电池充放电历史记录参数确定需要更换电池的位置参数 5.2.3 能按操作规程完成安装及更换操作
	5.3 充电机安全操作	5.3.1 能按操作规程完成充电设备开机前检查 5.3.2 能在充电设备运行过程中监控充电机的运行状态，并在电池充电接近饱和时及时停机 5.3.3 能根据充电机安全操作规程对出现的异常情况作出处理

附表 2 新能源充电设施安装与维护职业技能等级要求(中级)

工作领域	工作任务	职业技能要求
1. 充电技术、通信技术等认知	1.1 充电技术认知	1.1.1 能描述电动汽车充电装置及电动汽车充电模式 1.1.2 能描述电动汽车充电装置工作原理 1.1.3 能描述充电接口连接器的连接方式 1.1.4 能读懂交、直流充电桩电路图 1.1.5 能描述交、直流充电桩的基本构成与功能、主要技术参数并对参数进行解读
	1.2 通信技术认知	1.2.1 能描述电动汽车充电桩(站)通信方式及网络建设要求 1.2.2 能描述电动汽车充电桩(站)通信技术 1.2.3 能描述充电桩(站)基于 CAN 总线通信解决方案
	1.3 标准查阅	1.3.1 能正确查阅国标《电动汽车传导充电系统》(第1部分通用要求) 1.3.2 能正确查阅国标《电动汽车传导充电用连接装置》 1.3.3 能正确查阅国标《电动汽车交流充电桩技术条件》 1.3.4 能正确查阅国标《电动汽车充电设备检验试验规范》
2. 充电桩调试	2.1 直流充电桩设备调试	2.1.1 能够将充电接头与充电桩、车辆进行可靠连接,检查设备本身、充电系统运行是否正常 2.1.2 能在"充电模式"界面进行初始设置,调试设备功能 2.1.3 能根据充电桩指示灯状态判断与电动车的 BMS、OBC 通信是否正常 2.1.4 能将充电接头从电动车直流充电接口正确拔出,也能手动解除充电锁
	2.2 交流充电桩设备检测	2.2.1 能正确检测充电桩各电器元件相线之间、相线与地线间的绝缘电阻 2.2.2 能正确判别各元器件、模块的输出、输入端 L 线和 N 线,并进行其间实测电阻的检测 2.2.3 能正确进行各接地点 PE 接地电阻值的检测 2.2.4 能正确判断所有检测结果
	2.3 交流充电桩供电环境测试	2.3.1 能正确检测墙壁插座供电电压 2.3.2 能正确检测单相断路器输入侧、负载端的实测电压 2.3.3 单相断路器合闸前,能进行线路复检,无误后通电 2.3.4 合闸后能检查充电桩通电状况
	2.4 交流充电桩通电测试	2.4.1 能将充电桩接入进线电源,使设备进入待机状态 2.4.2 能按照提示进行相应操作,检查设备本身运行是否正常 2.4.3 能将充电接头与电动车充电口可靠连接 2.4.4 能在"充电模式"界面进行初始设置、设备调试,并根据充电桩指示灯状态判断与电动车的 BMS、OBC 通信是否正常 2.4.5 能根据急停按钮的使用条件使用急停按钮

续表

工作领域	工作任务	职业技能要求
3. 充电部件检查和维护	3.1 充电桩维护	3.1.1 能对充电车位环境进行检查 3.1.2 能按技术要求检查充电桩桩体 3.1.3 能按要求对内部组件进行检查 3.1.4 能按要求对充电桩功能进行检查 3.1.5 能按要求对电气及控制系统进行检查 3.1.6 能按要求对充电桩各存储数据记录进行检查 3.1.7 能对充电桩与车辆连接情况数据进行读取分析并维修
	3.2 随车充电枪检查	3.2.1 能按要求对随车充电枪功能进行检查 3.2.2 能正确对充电枪各端子间阻值及接地连接情况进行检查和测量，并判别是否正常 3.2.3 能对充电枪零、火线与充电桩及取电点的连接进行测试并判别
	3.3 车载充电口及充电机检查和维护	3.3.1 能按要求检查车载充电部件及内部组件是否正常 3.3.2 能按要求检查交、直流充电口组件及烧蚀情况，并能更换故障部件 3.3.3 能按要求对交、直流充电口各端子连接情况进行检测，并排除故障 3.3.4 能够根据规范流程要求更换交、直流充电口 3.3.5 能够根据规范流程更换车载充电机 3.3.6 能按要求对外接充电防盗锁功能进行检查
4. 充电桩及充电系统故障检修	4.1 充电桩故障检修	4.1.1 能够根据充电桩指示灯状态确定故障类型并判别可能原因 4.1.2 能够按照充电桩维修流程对充电桩进行检修 4.1.3 能够正确排除充电桩黑屏、死机等故障 4.1.4 能够正确排除控制器引导故障 4.1.5 能够正确排除充电桩锁枪故障
	4.2 电动汽车充电系统故障检修	4.2.1 能够使用电动汽车故障诊断仪读取充电系统相关故障码 4.2.2 能够判断车载充电机工作状态，并检测、排除相关供电、搭铁及通信故障 4.2.3 能够检测车载 DC－DC 电路并进行故障排除 4.2.4 能够检修电动汽车常见交、直流充电故障
	4.3 充电异常故障检修	4.3.1 能够正确建立充电桩和电动汽车充电系统的正确连接 4.3.2 能够对充电桩和电动汽车充电系统建立正确数据通信 4.3.3 能够正确判别充电桩和电动汽车充电系统故障 4.3.3 能够检修常见充电异常故障

附表3　新能源充电设施安装与维护职业技能等级要求(高级)

工作领域	工作任务	职业技能要求
1. 充电站安全管理及安全防护	1.1 充电机安全管理	1.1.1 能分析充电机的安全防护风险点 1.1.2 能针对不同的防护措施进行安全管理 1.1.3 能完成直流充电机安全操作 1.1.4 能完成交流充电机安全操作
	1.2 动力蓄电池安全管理	1.2.1 能分析动力蓄电池的安全环境防护危险点 1.2.2 能分析动力蓄电池充电的危险点 1.2.3 能分析锂离子蓄电池充电的危险点 1.2.4 能分析更换动力蓄电池的危险点 1.2.5 能根据 BMS 数据分析动力蓄电池是否可更换
	1.3 充电站工作区安全管理	1.3.1 能对不同的配电设备进行安全管理 1.3.2 能对监控室进行安全管理 1.3.3 能对充电区进行安全管理 1.3.4 能对电池更换区、电池存换库及电池维护工作间进行安全管理
2. 充电桩测试	2.1 充电桩测试准备	2.1.1 能描述直流充电桩测试系统构成 2.1.2 能描述交流充电桩测试系统构成 2.1.3 能描述直流充电桩主要测试项目 2.1.4 能描述交流充电桩主要测试项目
	2.2 充电桩电气技术指标测试	2.2.1 能使用电量测量仪进行功率因数及谐波分量测试 2.2.2 能进行效率、能效测试 2.2.3 能进行输入电流、最大输入电流、输出电流、浪涌电流以及启动冲击电流测试 2.2.4 能进行输入电压调整率、负载调整率及短路保护测试 2.2.5 能进行过压保护、输入电压变动、输入过压、欠压及恢复测试 2.2.6 能进行额定负载下充电桩输出测试、输出纹波及噪声测试
	2.3 充电桩电磁兼容指标测试	2.3.1 能进行静电放电抗扰度测试 2.3.2 能进行射频电磁场辐射抗扰度、电快速脉冲群抗扰度测试 2.3.3 能进行浪涌抗扰度以及电压暂降、短时中断抗扰度测试 2.3.4 能进行传导发射限值、辐射发射限值测定
	2.4 充电桩安全规格指标测试	2.4.1 能进行抗电强度、泄漏电流测试 2.4.2 能进行绝缘阻抗、接地电阻测试 2.4.3 能进行噪声免疫力测试 2.4.4 能进行静电破坏、雷击测试

续表

工作领域	工作任务	职 业 技 能 要 求
3. 充电桩系统调试	3.1 系统调试前检查	3.1.1 能在送电前对充电桩进行外观检查 3.1.2 能进行充电桩内二次联结线校线检查 3.1.3 能进行绝缘电阻检查
	3.2 正常操作调试	3.2.1 能进行通电开机调试 3.2.2 能进行拔出和插入充电枪调试 3.2.3 能进行显示功能检查 3.2.4 能进行输入功能、通信功能、协议一致性测试 3.2.5 能进行充电桩自检
	3.3 急停功能调试	3.3.1 能完成使用者授权 3.3.2 能插入充电枪并选择充电方式 3.3.3 能按下红色"急停按钮"停止充电,再按或旋转"急停按钮"恢复正常操作
4. 充电设施管理	4.1 高压配电侧巡检	4.1.1 能完成主变压器的巡检 4.1.2 能完成 10 kV 断路器的巡检 4.1.3 能完成 10 kV 电压互感器的巡检 4.1.4 能完成 10 kV 电流互感器的巡检
	4.2 低压配电侧巡检	4.2.1 能完成电力电缆的巡检 4.2.2 能完成低压开关柜的巡检 4.2.3 能完成继电保护的巡检
	4.3 充电系统巡检	4.3.1 能完成交流充电桩、充电机、直流充电桩的巡检 4.3.2 能完成计量计费系统、安防系统的巡检 4.3.3 能完成车辆运行监控系统的巡检

 参 考 文 献

[1] 张珠让，等．新能源汽车充电系统原理与检修．天津：天津科学技术出版社，2020.

[2] 张仕奇，刘仍贵．电动汽车充电系统原理与检修．北京：化学工业出版社，2019.

[3] 李宏伟，等．新能源汽车充电系统构造与检修．北京：机械工业出版社，2020.

[4] 蔡兴旺，康晓清．新能源汽车结构与维修．2 版．北京：机械工业出版社，2019.

[5] 刘海峰，等．新能源汽车充电设施构造与检修．北京：机械工业出版社，2020.

[6] 许建忠．新能源汽车构造与检修．北京：机械工业出版社，2018.

[7] 官海兵．新能源汽车高压安全及防护．北京：人民交通出版社，2018.

[8] 冯月崧，谭光尧．新能源汽车充电设施安装与维护．北京：人民交通出版社，2018.

[9] 高窦平，高庆华．新能源汽车高压电安全技术．北京：人民交通出版社，2018.

[10] 吉利汽车有限公司．吉利帝豪 EV450 维修手册，2018.

[11] 北汽新能源汽车．北汽新能源汽车维修手册（EV200 系列），2015.